悦览二十四节气

秋冬篇

许 虹 黎作民 主编

扫一扫，悦闻二十四节气。

浙江教育出版社·杭州

编委会

二十四节气歌

春雨惊春清谷天，夏满芒夏暑相连。

秋处露秋寒霜降，冬雪雪冬小大寒。

每月两节不变更，最多相差一两天。

上半年来六廿一，下半年是八廿三。

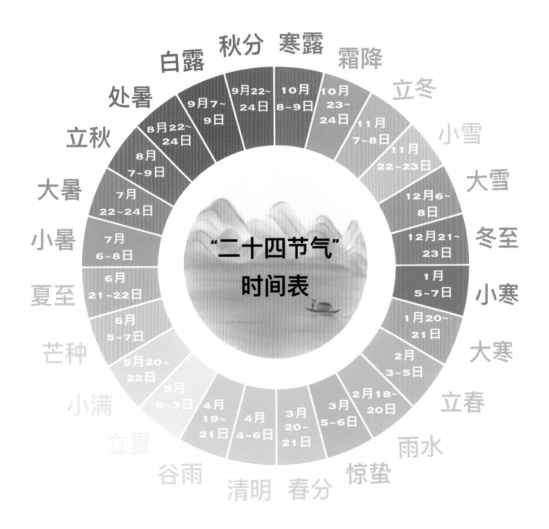

目 录

说文解字

　　秋季，一个硕（shuò）果累（lěi）累的季节。甲骨文中的"秋"字，像极了农作物因结满了籽穗（suì）而"弯下了腰"的样子。也有人认为，甲骨文中的"秋"字像一只蟋（xī）蟀（shuài），且"秋"字的读音也与蟋蟀的鸣叫声相似。小篆中的"秋"字，左边是一个"火"字。一种说法认为，这是指古时秋收之后农民会烧荒，为来年农作物的播种做准备。当然，从保护大气环境的角度来看，烧荒这种做法在现代社会并不可取。

甲骨文	金文	小篆(zhuàn)	隶(lì)书	楷(kǎi)书

一枕新凉一扇风——立秋

节气说

　　立秋是二十四节气中的第13个节气，也表示秋季的开始。早在周代，逢立秋那日，周天子就会带着大小官员到西郊迎秋，举行祭祀（sì）仪式。立秋过后，炎炎夏日里的暑气开始逐渐消散，暑去凉来，天气开始由热转凉。"秋"字是由"禾"字与"火"字组成的，可表示农作物成熟之意。在自然界中，对立秋后气温变化最为敏感的便是梧桐。"梧桐一叶落，天下尽知秋"，立秋一到，它便开始落叶。立秋过后，每下一场雨，天气便会转凉一次，因此我国民间素有"一场秋雨一场寒"的说法。

时间 胶囊

20（　　）年
（　　）月（　　）日

节气档案

时间：8月7、8或9日。
寓意：秋季开始，暑去凉来。
穿衣：棉麻面料的宽松衣裤。

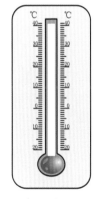

今日气温

天气风暴瓶

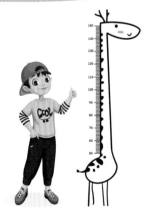

我的身高是（　　）厘米

一候 凉风至

有人说，秋风是一个"调皮的孩子"，秋风一吹，"红了柿子，圆了柚子"。此时的风已不同于夏季时的热风，立秋后，我国许多地区开始刮偏北风，偏南风逐渐减弱，刮风时人们会感觉到凉爽。

二候 白露降

清晨时，空气中的水蒸气形成了一层白雾（wù），凝（níng）结在室外的植物上，变成了晶莹的露珠。这时候早晨的天气和以往不同了，白天和晚上气温相差很大。我们可以见到天高云淡的晴空，感受到太阳光的强烈。到了晚上，又会感受到丝丝凉意。

三候 寒蝉鸣

夏末初秋的时候，气温仍然较高，知了在树上拼命地叫着，好像在告诉人们，炎热的夏季还没有过去。

一花一草一世界

丁香花

立秋后，丁香花的某些品种仍在开放，花香清雅怡人。丁香是中国著名的庭园花木，因花筒细长像钉子且香味清雅怡人而得名。丁香花还没开放时，花蕾（lěi）密布枝头，称为丁香结。唐宋以来，文人常常以丁香花的含苞待放比喻深深的思念。

木芙蓉

木芙蓉又名芙蓉花、拒霜花、木莲、地芙蓉。木芙蓉一般到晚秋时节才开花，花期长，品种多，花的颜色和形状随品种的不同而各异。

木芙蓉中的一个品种名为醉芙蓉，又称"三醉芙蓉"。这个品种的木芙蓉很奇特，清晨开白花，中午时花转为桃红色，傍晚时又变成深红色，是稀有的名贵品种。

一方水土一方人

称 水

古时候，农民会在立秋前后分别用大小一样的容器装满水，然后称重。如果立秋前的水重，表明"伏水重"，预示秋天的雨水会少。如果立秋后的水重，则预示着秋天的雨水会多，还可能会形成秋涝。一些地方的渔民也有立秋称水的习惯，借此推测立秋后河水的涨落情况。

祈 福

在我国的许多地区，人们会在立秋时举办秋会，祈求风调雨顺、国泰民安。此外，由于古时候经常会发生蝗虫灾害，在立秋当天，一些地区的农民也会往稻田里插上三角旗，以驱赶蝗虫。民间还流传着"争秋夺福"的说法，至今已有两三千年的历史。

啃 秋

许多地方都有立秋这一天吃西瓜的风俗，称为"啃秋"。在立秋当天，人们会买一个大西瓜回家，全家人一起吃，这就是"啃秋"。在农村，人们除了吃西瓜，还会吃山芋、玉米。实际上，"啃秋"这种活动想表达的是丰收的喜悦。不过营养学家表示，立秋后，西瓜要少吃，因为西瓜性寒，吃多了容易腹泻。

舌尖上的健康

二十四道风味——立秋肉

民以食为天，我国很早之前就有"立秋贴秋膘（biāo）"的传统，据说大文学家苏轼发明了一道叫作"东坡肉"的菜，还告诉我们应该在立秋时节吃。立秋时节，普通老百姓家吃炖肉，讲究一点的家庭会做白切肉、红焖肉，还有炖鸡、炖鸭等。

节气时蔬——秋葵

秋葵，一般指咖啡黄葵，也称黄秋葵。黄秋葵的嫩荚部分十分柔嫩，含有由果胶及多糖组成的黏性物质，口感爽滑，风味独特。除嫩荚可以吃外，黄秋葵的叶、芽、花富含蛋白质、维生素及矿物盐，也可以食用。黄秋葵的种子含有较多的钾、钙、铁、锌、锰等元素，能提取油脂和蛋白质，还可以作为咖啡的添加剂。

神奇的中草药

秋葵不仅是味美的蔬菜，还是一味中草药，它具有保护皮肤、促进消化、增强人体免疫力的作用。

立秋推荐时蔬：海带、藕、西红柿、大豆、胡萝卜。

立秋农事歌

立秋秋始雨淋淋，及早防治玉米螟。

深翻深耕土变金，苗圃芽接摘树心。

爷爷说，立秋过后，秋高气爽，月明风清。虽然这个时候已离开炎热的夏季，但还是不要放松警惕。有谚语说"秋后一伏热杀人"，立秋后的气温也会有间歇性的回升。此时的高温天气若引发干旱，就会给秋季的收成造成难以弥补的损失，因而民间还有"立秋三场雨，秋稻变成米""立秋雨淋淋，遍地是黄金"的说法。立秋时节也是多种作物病虫危害集中的时期，如水稻三化螟（míng）、稻纵卷叶螟、稻飞虱（shī）、棉铃虫和玉米螟等，要做好预报和防治工作。

立秋农事：保水蓄水，消灭杂草，疏松土壤，追肥耘田。

◎立了秋，便把扇子丢。

◎立秋拿住手，还收三五斗。

◎立夏栽茄子，立秋吃茄子。

◎立秋一场雨，遍地出黄金。

立秋 二十四节气

扫一扫，
写下你的
金点子。

"山僧不解数甲子，一叶落知天下秋。"梧桐叶落，便预示着秋天开始了，裂缺如花的梧桐叶片就像金色或红色的蝴蝶一样，翩翩飘落，伴着初秋的点点寒意，使人们感受到宁静之美。立秋前后，气温仍然较高，各种作物生长旺盛，中稻（水稻根据播种期、生长期、成熟期的不同，可分为早稻、中稻、晚稻）开花结果，要加强各类病虫害的预报和防治工作。

制作稻草人智能风车

材料： 稻草（或卡纸）、吸管、胶带、电池、导线、定时开关等。

步骤：

① 设计稻草人风车模型，初步交流设计原理。

② 设计定时接通和断开的电路图。

③ 利用简易材料制作能够随风转动的风车。

④ 安装模型和电路。

⑤ 测试智能风车的性能。

⑥ 对风车进行外观设计并美化，使其实现驱鸟功能。

科普链接

驱鸟又称赶鸟、防鸟。智能驱鸟装置是一种集合了探测鸟类靠近、模拟鸟类鸣叫、模拟老鹰声源驱鸟等技术的装置。夜晚有飞鸟靠近时，该装置会根据鸟类惧怕闪光的习性，启用频闪强光，刺激鸟类的视觉系统，从而驱赶田野中的鸟类，达到保护庄稼的目的。

节气文化驿站

诗词鉴赏

秋　词

[唐] 刘禹锡

自古逢秋悲寂寥，
我言秋日胜春朝。
晴空一鹤排云上，
便引诗情到碧霄。

中医药文化

药食同源（食疗）

　　中医学自古以来就有"药食同源"的理论。这一理论认为，许多食物既是食物也是药物，部分食物和药物一样，能够预防和治疗疾病。古时候，人们在寻找食物的过程中掌握了各种食物和药物的性味与功效，认识到许多食物可以药用，许多药物也可以食用，两者之间很难严格区分。

比如，常见的山药、山楂、红枣、桑椹（shèn）、红豆、蜂蜜就是药食同源的食物。小朋友可以结合季节变化、身体发育情况，适时适当吃一些！

健康语录：立秋到，凉风至，雁行行；瓜果香，当季食，少添衣，心放宽。

飞鸟式

立秋到时凉风至，益脾润肺正当时。
最是可口石榴饮，腹泻不再常围绕。
花粉过敏迎香穴，梦里迎来是花香。
鹤翔凝海飞鸟式，此肺从此万里游。

扫一扫，
看视频，
学做节气操。

动作要点

左手下按，右手变勾手上提；右手下按，左手变勾手上提。最后两手成勾手上提。

迎香穴————迎香穴

迎香穴的位置：位于面部，在鼻子两侧鼻翼旁1厘米处。

节气操与健康

此操适合在立秋时节做。常做此操，可以增强我们的肺功能。立秋的时候，天气慢慢转凉，人容易出现腹泻的情况。这个时候，我们要注意保护脾胃和肺。比如，喝上一杯石榴（liú）汁，可以调节肠胃功能，增进食欲。再如，如果出现花粉过敏的症状，可以按压迎香穴。

天地乾坤始渐肃——处暑

　　处暑是二十四节气中的第14个节气。处暑中的"处"字在古文中有"终止"的意思，处暑的意思就是"炎热的夏天正式终止"。由于太阳直射点在北半球继续向南移动，因此太阳辐（fú）射减弱，同时副热带高压迅速向南迁移，西伯利亚高压开始向我国境内移动，使我国的气温逐渐走低，早上和晚上都有了丝丝的凉意。

时间 胶囊

20（　　）年
（　　）月（　　）日

节气档案

时间：8月22、23或24日。
寓意：炎热的夏天正式终止。
穿衣：棉麻面料的宽松衣裤，夜间外出加外套。

今日气温

天气风暴瓶

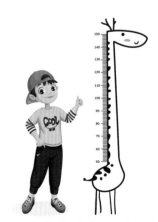

我的身高是（　　）厘米

童言三候

一候 鹰乃祭鸟

处暑时大地五谷丰登，可供老鹰捕食的鸟类等动物开始频繁活动。老鹰在捕杀鸟类等动物的过程中，会把捕到的猎物排排队，好似祭祀一般，先感谢大自然的赐予，再进食。所以，古人说处暑时节"鹰乃祭鸟"。

二候 天地始肃（sù）

一阵微风吹过，树叶纷纷从树妈妈的怀抱中落下，犹如一只只美丽的黄蝴蝶翩翩起舞，把秋天打扮得如同金色世界。在这片烂漫的金色里，另一个季节的前奏已悄悄奏响。

三候 禾乃登

"禾"指的是稻谷、黄米等农作物，"登"是成熟的意思。秋天来了，秋姑娘带着凉爽和丰收来到了我们的家园。在田野里，稻子笑弯了腰，高粱举起了"火把"。这时候，谷类作物已经成熟，人们可以准备收割了。

玉簪（zān）花

玉簪，又名白玉簪、白萼（è）、白鹤仙。它的花苞质地像玉，形状又像头簪，因而得名玉簪。

玉簪碧叶莹润，清秀挺拔，花色如玉，幽香四溢，是中国著名的传统花卉，深受人们的喜爱。正因为如此，玉簪也有"江南第一花"之称。

无花果

夏末秋初，一个个无花果果实在树梢上随风摇曳。无花果的果实不仅外观美丽，营养也很丰富，还具有较高的药用价值。

那么，无花果到底有没有花呢？

无花果属于桑科榕属植物。虽然名为无花果，但它是有花的，只不过从外面看不见。它的花长在果实内部，称为"隐头花序"，不剥开果实是看不到的。这是榕属植物在桑科中与其他属最大的区别，而榕小蜂这类昆虫则会从果实底部的小洞里钻进去，帮助花朵完成授粉工作。

神奇的中草药

无花果不仅外观美丽，还是一味中草药，具有较高的药用价值。它具有健脾开胃、解毒消肿的功效，可治疗腹泻。

14

一方水土一方人

采 菱

我国南方的许多江河湖泊都有菱的身影。到了秋天，人们经常可以看到菱布满整个池塘。处暑时节，人们会趁着凉爽的天气采菱。采菱人坐在菱桶里，划过水面，采摘新鲜的菱角，有时还一边采菱一边歌唱，十分开心。李白就曾写下过"菱歌清唱不胜春"的诗句。

开渔节

对于我国一些沿海地区的渔民来说，处暑意味着渔业开始进入收获期。此时近岸海域水温依然偏高，鱼群会停留在此，鱼虾贝类也都发育成熟。处暑时节，浙江沿海一带的人们会举行隆（lóng）重的开渔节，用盛大的开渔仪式欢送渔民出海。举行开渔节的时候，原本密密麻麻地停满了大大小小渔船的相对安静的海面，瞬间会出现百舸（gě）争流、千船竞发的活跃场景。从处暑时节开始，人们便可以享受到种类繁多的美味海鲜。

出游迎秋

处暑时节，我国大部分地区雨季结束，晴天增多，秋高气爽，正是人们畅游郊野的好时节。

舌尖上的健康

二十四道风味——处暑鸭

处暑有"出暑"之意。秋季的到来，意味着人们要开始应对干燥的天气，这时候吃鸭子能起到滋润脾胃、清热去火的效果。处暑时节，我国一些地区的民间流传着吃处暑鸭的习俗，有白切鸭、柠檬鸭、子姜鸭、烤鸭、荷叶鸭、核桃鸭等五花八门的做法。比如，处暑这一天，北京人会吃百合鸭；南方一些地区的人们会给邻居送上一碗鸭，称作处暑送鸭，祝福对方身体健康。

节气时蔬——菱角

菱角，又称菱，有"水中落花生"之称。菱角有好几种，有没有角的、两角的、三角的、四角的等。产自浙江嘉兴的南湖菱就是菱角中较特别的一种，它外形圆润且无角，不仅可以生吃、熟吃，还可以做成糕点、佳肴（yáo）或用来酿（niàng）酒等。

神奇的中草药

菱角不仅是一种美味的食物，还是一味中草药。它具有减肥瘦身、保养皮肤的功效。

相传，当年乾隆皇帝下江南时来到嘉兴南湖，正值采菱时节，乾隆皇帝看到新鲜翠绿的菱角后，命人奉上，想要品尝，不料被菱角刺到嘴唇，便随口说道："这小小的菱角要是不长角就好了！"经过改良和培育，第二年南湖菱果真不长角了，一只只长得像元宝一样，吃起来方便多了。

处暑推荐时蔬：芹菜、四季豆、玉米。

爷爷的农事经

处暑农事歌

处暑伏尽秋色美，玉米甜菜要灌水。

粮菜后期勤管理，冬麦整地备种肥。

爷爷说，处，止也，暑气至此止矣。处暑时节，暑气将尽，暑天结束。"一场秋雨一场寒，十场秋雨穿上棉。"这时候的气温会随着雨水的增多而慢慢下降，最明显的变化就是白天热、早晚凉，昼夜温差开始变大。但这对植物体内有机物的形成和积累十分有利，能够加快果实的成熟。处暑时节，田间的农作物也到了收割的时候，处处呈现出一派"谷到处暑黄""家家场中打稻忙"的秋收景象。

处暑农事：抢收抢晒，防治病虫，畜牧防疫，追肥勤灌。

◎处暑天还暑，好似秋老虎。

◎处暑栽白菜，有利没有害。

◎处暑拔麻摘老瓜。

◎处暑雷唱歌，阴雨天气多。

处暑时节，我国有许多传统民俗活动，其中之一就是在处暑之夜放河灯，以寄托对逝去亲人的思念。我们一起来试试吧！

制作并放河灯

材料： 蜡烛、火柴、蜡光纸、泡沫盒、荷叶等。

步骤：

❶ 查找河灯的样式并进行设计。

❷ 选取既能防水又较轻并且易浮于水的材料，制作河灯。

❸ 对河灯进行美化、修饰。

❹ 确定河灯的中心，将蜡烛置于中心处，轻轻放入水中，确保河灯平稳漂浮。

❺ 点燃河灯中的蜡烛，开始许愿。

科普链接

河灯一般采用轻质、易浮的材料作为底座。人们将点燃的蜡烛等能发光的物体放入其中后，由于底座的总体浮力较大，河灯仍能漂浮在水面上，顺着水流运动。

请思考一下，放河灯这种习俗对我们的环境有什么影响？如果让你选择材料来制作河灯，你会选择什么样的材料呢？

节气文化驿站

诗词鉴赏

处暑后风雨

[元] 仇远

疾风驱急雨，残暑扫除空。

因识炎凉态，都来顷刻中。

纸窗嫌有隙，纨扇笑无功。

儿读秋声赋，令人忆醉翁。

中医药文化

中医五大保健穴位

中医五大保健穴分别为膻（dàn）中、三阴交、足三里、涌（yǒng）泉、关元。按揉膻中穴可以缓解烦躁、懊（ào）恼、悲痛的情绪，膻中又因此被称为人体的"开心穴"；三阴交穴为肝、脾、肾三经交会之所，是女性重要的保健穴及防治妇科疾病的常用穴位，因此又被称为"妇科主穴"；足三里穴是人体重要的"强壮穴"，按揉足三里穴，具有健脾运胃、补中益气的效果；涌泉穴为肾经的首穴，又被称为"老年保健穴"；关元穴补益作用强，古人称之为"千年老山参"。

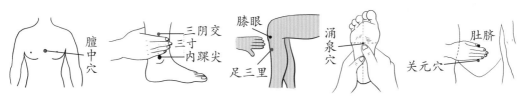

健康语录：处暑来，天转凉。口鼻干，重预防。少食辣，更健康。

节气操

托天式

秋当藏阳珍收养，处暑渐凉需秋收。
除燥莫管秋暑气，天地始肃气入地。
切记虚汗散元阳，秋风高爽展豪气。
双手托天通三焦，初秋去燥合天意。

扫一扫，
看视频，
学做节气操。

动作要点

两手上架有力，两臂呈弓形，两侧肩胛（jiǎ）骨关节打开上提，上提左膝超过腰部。左震脚有力，撤右脚后蹬地，双手前推有张力。

节气操与健康

此操适合在处暑时节做。处暑时节天气逐渐由热转凉，我们在情志、饮食起居、运动锻炼等方面都要注意顺应这一时节的天气特点。常做托天式节气操可以调理三焦，增强五脏六腑的功能，缓解紧张焦虑的情绪。

凉风吹叶叶初干——白露

　　白露是二十四节气中的第15个节气。白露前后，天气逐渐转凉，昼夜温差较大，空气中的水蒸气容易遇冷液化。因此，白露时节的清晨时分，植物的叶子和地面上会出现许许多多的露珠（这是因夜晚水蒸气凝结在上面而产生的）。由于从远处看露珠往往呈现白色，白露便因此得名。

时间 胶囊

　　20（　　）年
（　　）月（　　）日

节气档案

时间：9月7、8或9日。

寓意：天气渐渐转凉。

穿衣：棉麻面料的衬衫、薄长裤。

今日气温

天气风暴瓶

我的身高是（　　）厘米

一候　鸿雁来

鸿雁，就是人们常说的大雁。大雁是一种候鸟，白露时节，天气转凉，它们不适应低温，开始从北方飞往南方。它们在迁徙过程中很有秩序，会排成"一"字形或"人"字形。

二候　玄鸟归

玄鸟就是人们常说的燕子。燕子也是一种候鸟，白露时节，小燕子们感受到天气转凉了，在天上叽叽喳喳地叫着，好像是在告诉小伙伴们："南方暖和，我们去南方吧，那边有很多虫子。"于是迫不及待地和家人一起飞往比较温暖的南方过冬。

三候　群鸟养羞

白露已经属于仲秋了，再过不久，寒冷的冬天就会到来，啄木鸟、喜鹊（què）、斑鸠（jiū）等鸟儿会聚在一起商量过冬的事，纷纷开始准备够吃一整个冬天的食物。

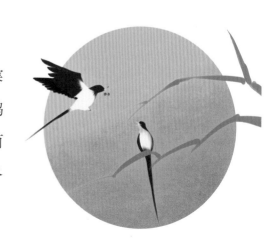

一花一草一世界

昙（tán）花

昙花有"月下美人"之
称。昙花开放时，会先轻轻
地打开外围的花瓣，再一层
一层地展开里面的花瓣。昙
花有白色的、蓝色的，还有
紫色的。它的花瓣很大，漂
亮极了。不过，花渐渐展开

后，过一两个小时就会慢慢凋谢，整个开花过程仅持续4小时左右。因
此，民间有着"昙花一现"的说法。

栾（luán）树

栾树又称大夫树、灯笼树。春天，它枝叶繁茂秀丽，叶片嫩红可爱。
夏天，它的树叶逐渐变绿，
开出满树黄花，看起来金碧
辉煌。秋天，它虽然夏花落
尽，却是硕果累累，就像一
盏盏灯笼，所以有"灯笼
树""摇钱树"之称。

祭禹王

白露是收获的时节，也是播种的时节。每年白露时节，江浙地区的人们会举行祭禹王，即纪念治水英雄大禹的香会。在祭禹王活动期间，《打渔杀家》是必演的一场戏，它寄托了人们对美好生活的向往。

喝白露茶

中国人素爱饮茶，白露时节则更加青睐"白露茶"。茶树经过夏季的酷热，到了白露前后正是生长的好时期。白露茶不像春茶那样不经泡，也不像夏茶那样干涩（sè），而是有一种独特的甘醇味，尤其受到老茶客的喜爱。饮"白露茶"体现了人们对健康生活的追求，是我国一些地区的传统风俗。

吃秋梨

到了白露时节，天气开始变得干燥。为了适应干燥的天气，人们需要适当调整自己的饮食，多吃一些温润的食物，比如秋梨等。

舌尖上的健康

二十四道风味——白露酒

古时候，人们会在白露时节酿白露酒。此时不仅天气适合发酵，人们还能从清晨的芭蕉叶上收集酿酒用的夜露，连同枝头摘下的桂花，一起封入酒坛子里。古人的有情有趣，无意间给我们留下一个酒香四溢的节气。白露酒用糯米、高粱等五谷酿成，略带甜味。这时候酿造的米酒又称"秋露白"。当然，作为未成年人，我们可不能饮酒哦！

节气时蔬——南瓜

俗话说，"种瓜得瓜，种豆得豆"。瓜的种类有很多，说到南瓜，你会想到什么呢？是一盏盏金黄色的灯笼坠落在田里，还是甜甜糯糯的南瓜粥？南瓜从7月开始结果，到9月份基本就成熟了，颜色也从一开始的绿色慢慢变黄。南瓜种类繁多，不同种类的南瓜形状各异，不妨去地里观察一下吧！从营养的角度来看，南瓜全身都是宝，花、叶、果实都可食用，亦蔬亦药，营养丰富，富含果胶、淀粉、蛋白质、胡萝卜素、维生素B、维生素C以及钙、磷等成分，能起到保护胃黏膜、促进儿童生长发育等作用。

神奇的中草药

南瓜既是一种食物，也是一味中草药，有消炎止痛、清热解毒的功效。

白露推荐时蔬：黄瓜、冬瓜、丝瓜、苦瓜、小白菜、绿豆芽、胡萝卜。

爷爷的农事经

白露农事歌

白露夜寒白天热，播种冬麦好时节。

灌稻晒田收葵花，早熟苹果忙采摘。

　　爷爷说，白露一到，又是收获，又是播种。白露时节到来后，气温下降的幅（fú）度会明显加大，日照逐渐减少，降雨开始增多。此时正值秋收，如果赶上阴天或下雨，地里的庄稼就会长霉腐烂，所以要特别关注天气预报，做好充足准备，抓住每个晴好天气，不失时机地抢收抢晒，并做好防雨工作。与此同时，小麦、大蒜（suàn）、蚕豆、萝卜、白菜也要及时播种。恰当时机的播种能让种子在过冬前就发好芽，以提高成活率。

白露农事：灌水保温，病虫防治。

◎白露秋分夜，一夜凉一夜。

◎白露田间和稀泥，红薯一天长一皮。

扫一扫，
写下你的
金点子。

"白露前后看，莜（yóu）麦、荞麦收一半。"白露时节，东北地区的大豆、谷子、水稻和高粱，西北、华北地区的玉米、红薯和棉花，正等着人们采摘。各类瓜果蔬菜也成熟了，人们的脸上洋溢着丰收的喜悦。此外，白露还是播种的时节，有了这么多种子，除了播种外，你还会用来做什么呢？

种子画

材料： 某植物的种子、胶水、画笔、镊（niè）子、卡纸等。

步骤：

❶ 选择底板：确定图案的底色。

❷ 设计底稿：想好画什么内容，在选好的底板上轻轻地勾勒出轮廓。

❸ 选择种子：根据图案选择颜色合适的种子。

❹ 涂胶水：用毛笔沿着轮廓涂上胶水。

❺ 贴种子：选择需要的种子，沿着轮廓粘贴。此时可以用镊子。

科普链接

不同的种子，其形状、大小、色泽、表面纹理等都各有不同，如黑豆、红豆、绿豆、黄豆、芸豆就分别呈现黑、红、绿、黄、白等颜色。不同的种子，寿命也不一样，如巴西橡胶的种子寿命仅约一周，而莲的种子寿命可长达数百年。种子的特异功能之一就是休眠，只有在适宜的环境下才会萌发成植株。

诗词鉴赏

衰 荷

[唐] 白居易

白露凋花花不残，
凉风吹叶叶初干。
无人解爱萧条境，
更绕衰丛一匝看。

中医药文化

艾 灸

艾灸

　　艾灸是古人治病的重要手段。它操作简单，选材方便，如今已成为人们养生保健的常用方式。对于小朋友们经常出现的感冒、发热、咳（ké）嗽（sou）、慢性鼻炎、呕吐、腹泻、厌食等疾病，艾灸都有不同程度的治疗和康复作用。比如，身柱穴位于后背两个肩胛骨的中间，上接头部，下面和腰背相连，就像一个承上启下的支柱一样，被誉为"小儿百病之灸点"。对这一穴位进行熏治，能够为我们身体五脏六腑、四肢百骸（hái）好好工作提供保障，治疗多种疾病。

健康语录：白露到，温差大；天气凉，防感冒。

秋

节气操

按呬（si）式

白露节气寒湿重，金风玉露总相逢。
防寒卫阳衣藏身，哮声不平喘难息。
平喘养阴理法药，丹参白露神仙饮。
秋来常行呬字功，润肺防病有妙行。

扫一扫，
看视频，
学做节气操。

动作要点

两手从上往下按至肚脐，同时口中呼出"si"这个音，3秒完成。

呬～

节气操与健康

此操适合在白露时节做。白露时节空气中的寒气、湿气比较重，这个时候我们要注意预防呼吸道疾病，注意防寒保暖。多做按呬式节气操有助于增强肺功能，提高抵抗力。

暑退秋登气转凉——秋分

　　秋分是二十四节气中的第16个节气。早在周代，周天子就有春分祭日、夏至祭地、秋分祭月、冬至祭天的习惯。因此，秋分也有"祭月节"之称。"秋分"与"春分"一样，都是古人最早确立的节气。秋季约有90天，秋分日则平分了整个秋季。在这一天，太阳直射点重新回到赤道上，因此这一天昼夜平分，都为12小时。秋分之后，太阳直射点将会越过赤道，向南半球移动，北半球的夜晚将会变长，白天将会变短。

时间 胶囊

20（　　）年
（　　）月（　　）日

节气档案

时间：9月22、23或24日。

寓意：秋季中间，昼夜等长。

穿衣：薄牛仔裤、薄外套。

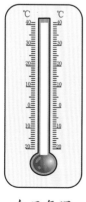

今日气温

天气风暴瓶

我的身高是（　　）厘米

童言三候

一候　雷始收声

秋天，气温逐渐下降，天气转凉，空气中的水蒸气慢慢变少，云层也变薄了，打雷的现象也随之减少。农民伯伯中流传着这样的谚语："雷打秋天冬半收。"意思是说，秋天如果还打雷的话，冬天的收成就要减少一半。

二候　蛰虫坯户

秋分时节，天气转凉，那些喜欢藏在泥土中的小虫子也感知到了温度的变化，纷纷在自己的洞口开始劳动。它们搬来细土，将洞口封起来。这样就把寒气挡在了洞外，保持了洞内的温暖。

三候　水始涸（hé）

秋分之后，雨水逐渐减少，天气变得干燥起来。河流、湖泊里的水也变少了，露出了厚厚的一层青苔。树林里的沼泽、路边的水洼都露出了湿答答的泥土，它们快要没有水了。

菊 花

"不是花中偏爱菊，此花开尽更无花。"当秋风吹起、秋雨连绵时，其他的花都已凋零，唯有菊花绽开一张张美丽的笑脸。秋天也因有了种类繁多的菊花而更加绚丽多姿。它们送来阵阵淡淡的清香，托起了一个迷人的秋天。

菊花不仅外表美丽淡雅，还能泡茶、入药。把一朵风干的菊花放入杯中并倒上水后，它会慢慢舒展，变成一杯菊花茶，有消除疲劳、清热解毒的功效。

菊 芋

菊芋，又名洋姜、鬼子姜，是一种多年生草本植物。菊芋的根在其茎和叶枯萎后能在地下越冬，至第二年早春发出新的幼芽。

菊芋的块茎含有丰富的淀粉，是一种味美的蔬菜并可加工成酱菜，还可制成菊糖及酒精。其中，菊糖是治疗糖尿病的良药。菊芋的块茎或茎叶入药后，具有利水除湿、清热凉血的功效。

一方水土一方人

吃秋菜

岭南地区历来就有"秋分吃秋菜"的习俗。秋分那天，人们会去采摘"秋菜"。"秋菜"其实就是一种野苋（xiàn）菜，在田野里很常见，营养也很丰富。人们把"秋菜"采摘回来之后，与鱼片一起烧

汤，叫作煲"秋汤"。岭南地区还流传这样一句谚语："秋汤灌脏，洗涤肝肠。阖（hé）家老少，平安健康。"由此可以看出，"吃秋菜""喝秋汤"的行为，表达了人们身体健康、家庭幸福的美好愿望。

送秋牛图

秋分时节，一些地区有送秋牛图的习俗。什么是秋牛图呢？其实就是在一张大红纸或黄纸上印上全年的农历节气，再印上农夫耕田的图样。送图的人会挨家挨户地送，送图的时候主要是说些秋耕注意事项和一些吉祥的话。为了表示感谢，收图的人家往往会给些零钱或小礼品。

二十四道风味——秋风蟹

"秋风起,蟹脚痒;菊花开,闻蟹来。"到了秋分时节,肥美的螃蟹就会出现在人们的饭桌上。无论是大口大口地吃,还是拿着蟹八件一步步拆解、细嚼慢咽,秋分时节的蟹已然使这个季节变得更加美味。螃蟹是一种蛰伏洞中、潜藏于水的生物,到了秋季开始变得肥壮。橘红色的蟹黄,白璧似的脂膏,软玉般的蟹肉,大大满足了人们的味蕾。

节气食物——红薯

秋分时节,人们迎来了红薯的大丰收。挖开一块绿油油的红薯地,下面可藏着好些红薯,一串串相互拥挤着,滚圆又可爱。别看红薯其貌不扬,其实它的营养可丰富啦!红薯富含淀粉、果胶、维生素等营养物质,有"长寿食物"的美誉。红薯的吃法有很多,包括蒸红薯、炒红薯、

神奇的中草药

红薯也是一味中草药,它有润肠通便,改善脾胃虚弱的功效。

熬红薯粥、煮红薯汤等。烤红薯很受人们欢迎。趁着炉火未灭,直接把红薯放在炉火周围,等到红薯烤成略带焦黄之色,掰(bāi)开它,一阵香甜便会扑鼻而来。

秋分推荐时蔬:大蒜、萝卜、莲藕、百合、南瓜、生菜。

爷爷的农事经

秋分农事歌

秋分秋雨天渐凉，稻黄果香秋收忙。

碾谷脱粒收田粮，山区防霜听气象。

爷爷说，秋分过后，棉花开始膨（péng）胀（zhàng），收获的季节到来了，广大农村已进入秋收、秋耕、秋种的"三秋"忙碌（lù）阶段。"三秋"之时，农事十分繁忙。及时进行收割工作，可避免早霜和连绵雨雪等造成的危害，同时为下一年的丰收打下基础。"秋分不露头，割了喂老牛。"这个时候，双季晚稻正抽穗开花，是提高产量的重要时期，要及时关注天气变化，认真做好霜冻的预防工作，避免低温、雨水天气造成的"秋分寒"对双季晚稻的开花结果产生不利影响。

秋分农事：灌水保温，防范洪涝；秋收秋耕，合理施肥。

◎秋分种，立冬盖，来年清明吃菠菜。

◎秋分种小葱，盖肥在立冬。

◎秋分秋分，昼夜平分。

扫一扫，
写下你的
金点子。

节气实践园

秋分日，昼夜时间均等。此时过后，北半球开始昼短夜长，北极附近也即将迎来一年中连续6个月的漫漫长夜与不灭的星空。古时候，人们如何知道一天中时间的变化呢？让我们一起做个纸板日晷（guǐ）吧！

制作纸板日晷

材料：纸板（或三合板）、竹棒、泡沫板、白胶、量角器、圆规、安全剪刀、笔等。

步骤：

❶ 在纸板上画一个圆，作为日晷的面盘，将其分成24等份，并按顺时针方向分别标上0、1、2……24作为时线，反面则按逆时针方向标上0、1、2……24作为时线（注意：正反面的0时线要重合）。

❷ 用剪刀剪下面盘。

❸ 用竹棒作晷针，把它垂直插进面盘的中心处，并使指针在面盘两面的长度相等。

❹ 用剪刀切割泡沫板作晷座，并画出纬度。

❺ 把面盘安放在晷座上，确定当地的纬度。这样，一个简单的日晷就做成了。

科普链接

日晷又称日影观测仪，是通过太阳位置来测算时间的一种仪器。日晷主要由一根投射太阳阴影的晷针、晷面和晷面上的刻度线组成。一天中太阳的位置发生着变化，所以投影也随之改变，人们可以利用投影的位置来观察时间变化。日晷有很多形式，如地平式日晷、赤道式日晷等。

节气文化驿站

诗词鉴赏

秋 夕

［唐］杜牧

银烛秋光冷画屏，

轻罗小扇扑流萤。

天阶夜色凉如水，

卧看牵牛织女星。

中医药文化

刮 痧

刮痧（shā）以中医经络腧（shù）穴理论为指导，通过特制的工具和相应的手法，涂抹一定的介质，在人体皮肤表面反复地进行刮、挤、揪（jiū）、捏、刺等刺激，使皮肤局部表面出现瘀（yū）血点、瘀血斑或点状出血等"出痧"变化，从而达到活血透痧的目的。

刮痧

刮痧能够有效缓解感冒、中暑、头痛等常见疾病的症状，比如，夏季感冒时刮背部的膀（páng）胱（guāng）经就具有立竿见影的功效。需要注意的是，刮痧需严格遵（zūn）循（xún）操作规范或在医生的指导下进行。

健康语录：秋分里，天渐凉。日渐短，夜渐长。起居上，规律好。

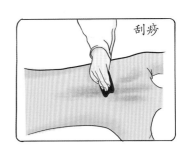

金刚式

阴平阳秘重收藏，收养阳气度秋凉。
少辛多酸养肺阴，润肺健脾饮食妙。
多事之秋悲伤志，防病去疾增气神。
攒拳怒目兼震脚，养血疏肝筋骨强。

扫一扫，
看视频，
学做节气操。

动作要点

举右手、右脚，左手变拳在腰间成金鸡独立姿势，然后同时落右手右脚砸拳。

节气操与健康

此操适合在秋分时节做。秋分时节，我们要通过正确的饮食和运动调节脾胃和心肺功能。多做金刚式节气操可以舒缓紧张、焦虑等不良情绪，强健筋骨。

寒露入暮愁衣单——寒露

节气说

　　寒露是二十四节气中的第17个节气。"寒露"相较于"白露"多了几分寒意，因此寒露时节气温会更低，地面的露水更是快要凝结成白霜了。寒露被认为是天气从凉爽到寒冷的过渡时节。夜晚，倘若你仰望星空，就会发现星空已经换季，代表盛夏的"大火星"已开始西沉，冬天的脚步声开始隐约响起。

时间 胶囊

20（　　）年

（　　）月（　　）日

节气档案

时间：10月8或9日。

寓意：气温比白露时更低。

穿衣：毛衣、休闲装、夹克衫。

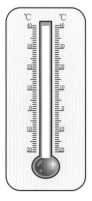

今日气温

天气风暴瓶

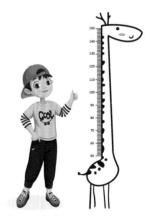

我的身高是（　　）厘米

39

一候　鸿雁来宾

露，是天气转凉变冷的标志，"寒露"说明天气变得真正寒冷起来了。大雁感受到了温度的变化，整整齐齐地排成"一"字形或"人"字形的队列，继续南迁。

二候　雀入大水为蛤（gé）

深秋时节，天气寒冷，雀鸟已经飞往温暖的南方了。此时的海边开始出现大量的蛤蜊（lí），远远望去，贝壳的条纹、颜色与雀鸟非常相似，人们还以为是雀鸟飞入海中变成蛤了呢。

三候　菊有黄华

"暗暗淡淡紫，融融冶（yě）冶黄。"深秋时节，五颜六色的菊花竞相开放，其中，黄色的菊花数量最多，远远望去，恰似一片金色的海洋。秋天万物萧条，但菊花用婀（ē）娜（nuó）的身姿点缀（zhuì）着秋的景色，给秋天增添了勃勃生机。

一花一草一世界

桂 花

　　金秋十月，一些地区的空气中处处弥漫着桂花的芳香。桂花是我国十大传统名花之一，它的芳香令人神清气爽。桂花树叶子翠绿，两头尖尖，特别茂盛，常年郁（yù）郁葱葱。

　　桂花可以用来做各种小吃，如桂花糕就是南方一些地区的特色小吃。桂花还可以用来做桂花酒、桂花糖、桂花饼和桂花茶等。

菊 花

　　"待到重阳日，还来就菊花。"

　　菊花是中国十大传统名花之一，也是花中四君子之一，我国古代的文人雅士十分喜爱它，认为它具有清新高雅的品格。比如大诗人陶渊明就有诗曰："采菊东篱下，悠然见南山。"

　　菊花是一种多年生的草本植物，种类非常多，常于深秋开花。菊花花色非常丰富，一般有红、黄、白、紫等颜色，花的形状也很多。菊花的果实一般是不发育的。

一方水土一方人

斗蛐蛐

白露、秋分和寒露，都是老北京人斗蛐蛐的集中时段。蛐蛐也叫促织，通常情况下，听见蛐蛐叫就意味着入秋了，天气要转凉了，需准备过冬的衣物了，所以民间素有"促织鸣，懒妇惊"的说法。

斗蛐蛐是一种古老的娱乐方式，在唐代就开始流行了。斗蛐蛐时，人们一般将两只雄性蛐蛐放入一个瓷罐中，这时蛐蛐会振翅鸣叫，然后开始决斗。几个回合后，就可以分出胜负了。

秋钓边

在南方地区，寒露时节，秋高气爽，正是出去游玩的好时节。人们常聚在一起赏花、吃螃蟹、钓鱼。寒露时节，气温迅速下降，深水处光照极少，鱼儿会游向水温较高的浅水区，此时钓鱼就有"秋钓边"的说法。

登 高

寒露时节，北方已呈现出深秋景象，南方的秋意也渐渐浓郁起来。寒露往往和我国的传统节日重阳节在同一时段。此时邀请亲朋好友一起登高望远，也是一种不错的休闲方式。

舌尖上的健康

二十四道风味——寒露糕

因为"高"和"糕"谐音，所以民间素有"九九登高，还要吃花糕"的说法，寓意"步步高升"。寒露时节，天气由凉转冷，核桃、莲子、板栗、芝麻等一起上市。人们会在花糕的中间夹上核桃仁之类的干果，两层、三层不等。

节气食物——花生

花生是我国产量丰富、食用广泛的一种坚果。花生是一种一年生的草本植物，果实是长在土里的。它营养丰富，是人类重要的脂肪和蛋白质来源。在我国，花生有许多种做法，其中最富代表性的当属油炸花生米了。制作油炸花生米，应在锅内放油，再放入准备好的花生米，小火加热，炸熟后捞出，还可以根据口味撒适量的盐或白糖调味。这样，一盘美味的油炸花生米就做好了。

神奇的中草药

花生作为一味中草药，具有止咳、润肺化痰（tán）、改善营养不良的功效。

寒露推荐时蔬： 卷心菜、萝卜、菠菜、西兰花、白菜、山药、土豆。

寒露农事歌

寒露草枯雁南飞，洋芋甜菜忙收回。
管好萝卜和白菜，秸秆还田秋施肥。

爷爷说，古时候，人们把"露"视作天气转凉的象征。白露节气"露凝而白"，到寒露时节露水增多，且气温更低。民间有句谚语："寒露不摘棉，霜打莫怨天。"意思是说，要趁天晴时抓紧采摘棉花。需要注意的是，玉米对霜冻也十分敏感，一旦在霜冻前没有完成收割工作，就可能会使玉米减产。

对于霜冻前不能正常成熟的玉米，应及时深锄（chú）删秋（删秋是指在籽粒灌浆阶段多次进行深中耕，以达到疏松土壤、提高地温、消灭杂草的目的），促进成熟，减少损失。

寒露农事：浅水勤灌，抢晴播种，作物通风晾晒。

◎豆子寒露使镰钩，地瓜待到霜降收。

◎过了秋分寒露到，采集树种要趁早。

◎寒露节到天气凉，相同鱼种要并塘。

◎寒露起黑云，岭雨时间长。

节气实践园

扫一扫,
写下你的
金点子。

　　"八月桂花遍地开",寒露前后,桂花盛开,沁人心脾。此时天气逐渐转冷,长江以南地区正是"人闲桂花落"的最佳季节。桂花有温肺化饮、散寒止痛的作用,人们喜欢用它制作各类美食。你还知道桂花的其他用途吗?

制作桂花香囊(náng)

材料:桂花、烤箱、布、针线等。

步骤:

❶ 采集桂花,冲洗干净,在通风处晾干。

❷ 将烤箱预热10分钟,在240℃的温度下将桂花烤5分钟,然后取出,晾至常温。

❸ 设计香囊的花式,阐释其寓意。

❹ 准备好布和针线,制作香囊袋。

❺ 将干桂花放入小布袋,收好口,小香囊就做好啦!

科普链接

　　桂花是中国十大传统名花之一,品种繁多,主要有金桂、银桂、月桂等。桂花香气四溢,不仅可以净化空气、消除疲劳,还能抑制肺炎球菌、葡萄球菌等微生物的生长和繁殖。

诗词鉴赏

池 上

[唐] 白居易

袅袅凉风动，凄凄寒露零。

兰衰花始白，荷破叶犹青。

独立栖沙鹤，双飞照水萤。

若为寥落境，仍值酒初醒。

中医药文化

拔 罐

拔罐又称拔火罐，是一种富有中国传统文化色彩的中医物理疗法，于2018年首次纳入世界卫生组织全球医学纲要中。拔罐疗法以各种罐子为工具，利用燃烧或者挤压的方式造成罐内负压，产生广泛刺激，形成局部充血或瘀血的现象，以达到

防病治病的目的。小小拔罐祛（qū）病痛，拔火罐已经风靡欧美，在2016年里约奥运会上，美国游泳名将菲尔普斯、体操选手阿历克斯·纳多尔身上都留有"拔火罐"的圆形印记。

健康语录：寒露来，天寒露重。不露脚，防颈寒，勤饮水，多睡觉。

节气操

降龙式

重阳时节插茱萸，寒露燥寒登山顶。
润肺益胃食疗妙，清热去燥宜养生。
九九重阳说菊花，寒露重阳倍思亲。
上下降龙固肾腰，寒露勤练闻鸡舞。

扫一扫，
看视频，
学做节气操。

动作要点

双手提至两腋，移动至背后，突然双掌按下。

节气操与健康

此操适合在寒露时节做。寒露时节天气干燥寒冷，又恰逢重阳节，登山时要注意保暖。常做降龙式节气操能调养气血，对我们的腰肾都有好处。

一朝秋暮露成霜——霜降

　　霜降是二十四节气中的第18个节气。霜降，顾名思义，表示霜的来临。霜降时节，菊花进入绽放期，所以霜降时节的第一次霜降又被称为菊花霜。霜降的来临预示着秋天即将结束，冬天即将开始。此时昼夜温差较大，有些地区，夜晚的温度甚至会降到0℃以下。这种情况下，由于白天地表散热很多，空气中的水蒸气会在地面或植物上形成许多微小的冰晶，有些还是六角形的，总让人误以为下雪了。吃柿子也是霜降时节主要的民俗之一。

节气档案

时间：10月23或24日。

寓意：阳气由"收"到"藏"的过渡，植物渐失生机。

穿衣：薄毛衣、风衣。

时间 胶囊

20（　　）年

（　　）月（　　）日

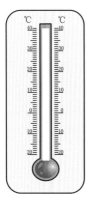

今日气温

天气风暴瓶

我的身高是（　　）厘米

童言三候

一候　豺（chái）乃祭兽

霜降时节，天气寒冷，许多动物都躲入温暖的洞穴中，准备冬眠。豺狼身上有厚厚的皮毛，它们不用冬眠，但需要捕捉大量猎物，储存在洞穴中，才能度过寒冷的冬天。

二候　草木黄落

秋风吹，落叶黄。深秋，日照减少，天气变得寒冷而干燥，花草树木没有了足够的阳光和营养，纷纷抖落自己的黄色外衣，做好迎接冬天的准备。

三候　蛰虫咸俯（fǔ）

霜降时节，蛰居的小虫们躲在温暖的洞穴里面一动不动，甚至不吃食物了，纷纷垂着脑袋，进入冬眠状态。

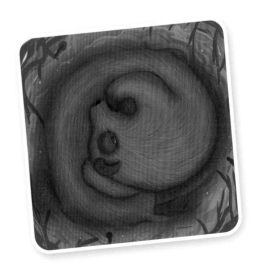

49

曼珠沙华

曼珠沙华是石蒜花的一种，是东南亚地区常见的观赏性植物，是优良的球根草本花卉，经常被种植在背阴处或林木下，有些还生长在山石间。

曼珠沙华有"彼岸花"之称，它的颜色非常鲜艳，是纯正的红色，加上丝丝花蕊（ruǐ），相互点缀，令人赏心悦目。

红　枫

"停车坐爱枫林晚，霜叶红于二月花。"

霜降之后，在枫树林中，最耀眼的便是红枫，经霜的枫叶，比二月的鲜花还要火红。此时，许多地区都进入了赏枫的季节。红枫是一种非常美丽的观叶树种，它的叶子外形优美，红色鲜艳持久，整体错落有致。

一方水土一方人

登高远眺（tiào）

从古时候开始，人们就有在霜降时节登高远眺的习俗。登高可以增加人的肺通气量和肺活量，增强血液循环，以达到增强体质、防病治病的效果。登高还可以磨练人们的意志，陶冶情操，是一项一举多得的休闲健身活动。

吃牛肉

牛肉脂肪含量低，蛋白质含量高，味道鲜美，受人喜爱，享有"肉中骄子"的美称。一些地区有霜降时节吃牛肉的习俗，以祈求冬天身体暖和、强健。霜降时节，可以吃牛肉炒萝卜、牛腩（nán）煲之类的食物，给身体补充能量。

二十四道风味——霜降柿

霜降

在大部分果子已经收获的霜降时节，柿子树上红灯笼一样的柿子还在枝头倔强地等待一场寒霜来临，为的是让自己的口感更糯、更香、更甜。柿子具有清热润肺、祛痰止咳的功效。柿子中含有大量维生素和糖分，一个柿子能满足一个人一天所需维生素 C 总量的一半。虽然柿子的优点很多，但食用时还需要适量，不能空腹食用，也不能和含有大量蛋白质的水产品以及红薯类食物共同食用。可以把那些吃不完的柿子晒成柿饼，储藏起来慢慢享用，别有风味。

神奇的中草药

芋头作为一味中草药，除了能增进食欲、帮助消化外，还有洁齿防蛀的功效。

节气时蔬——芋头

芋头，也叫芋艿，富含人体所需的大量营养物质，除了能增进食欲、帮助消化外，还有洁齿防蛀的功效。大文豪苏东坡就对芋头偏爱有加。据说，在被贬惠州期间，富有生活情调的苏东坡便以芋头为主要食材，发明了"色香味皆奇绝"的玉糁（shēn）羹（gēng），还用诗句"香似龙涎（xián）仍酽（yàn）白，味如牛乳更全清"表达了对这道菜无尽的赞美。

霜降推荐时蔬：萝卜、包心菜、莲藕、南瓜、山药。

爷爷的农事经

霜降农事歌

霜降结冰又结霜，抓紧秋翻蓄好墒。

防冻日消灌冬水，脱粒晒谷修粮仓。

爷爷说，霜降是秋天的最后一个节气，是秋季到冬季的过渡时节。俗话说："满地秸（jiē）秆（gǎn）拔个尽，来年少生虫和病。"收获以后，要抓紧把庄稼地里的秸秆、根茬（chá）收回来，因为那里潜伏着许多越冬虫卵和病菌。"霜降杀百草"，经严霜打过的植物，往往会缺乏生机。因此，霜降以后，人们要时刻关注天气变化，切实做好防霜冻工作。防霜冻的方法要因地制宜，比如小面积作物可以用塑料布、草秸等遮盖，对大面积的作物，可用其他方法破坏霜的形成。

霜降农事：预防低温，防治病虫，趁雨蓄水，灌水保温。

◎今夜霜露重，明早太阳红。

◎一夜孤霜，来年有荒。

节气实践园

扫一扫，
写下你的
金点子。

"霜叶红于二月花。"你知道为什么霜降过后枫叶会变红吗？因为霜降过后，气温降低，光照减少，枫叶中的叶绿素合成受阻，花青素增加，叶片中的主要色素成分发生变化，开始呈现红色。漫山遍野的枫树叶如火似锦，非常壮观。你想不想进一步了解花青素呢？

妙用花青素

材料：研钵（bō）、水、红枫叶、滤（lǜ）网、洗衣粉、白醋等。

步骤：

❶ 用研钵将含有花青素的红枫叶捣（dǎo）碎。

❷ 滴入约10毫升水。

❸ 充分研磨后，用滤网去除残渣，留下含有花青素的溶液。

❹ 将溶液分别滴入洗衣液和白醋中，观察发生了什么变化。

科普链接

花青素是一种水溶性色素，可以随着细胞液的酸碱变化改变颜色。细胞液呈酸性则偏红，细胞液呈碱性则偏蓝。我们也称它为"天然pH指示剂"。花青素是花瓣和果实中的主要色素之一，在紫色蔬菜、水果中含量较高。花青素的功效很多，可以预防癌症、保护视力、清除体内有害的自由基、改善睡眠等。

节气文化驿站

诗词鉴赏

咏廿四气诗·霜降九月中

[唐] 元稹

风卷清云尽，空天万里霜。

野豺先祭月，仙菊遇重阳。

秋色悲疏木，鸿鸣忆故乡。

谁知一樽酒，能使百秋亡。

中医药文化

按 摩

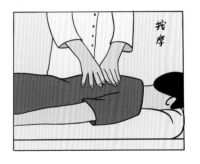

　　按摩又称推拿，古时称为按硗（qiāo），是一种古老的医疗方法。按摩是指运用手（手指）的技巧，通过在人体皮肤、肌肉组织上的连续动作来治疗疾病。这种方法，被称作按摩疗法。据记载，春秋战国时期的名医扁鹊，曾用按摩疗法，治疗虢（guó）国太子的尸厥（jué）症。可见，按摩在我国有着悠久的历史。

健康语录：霜降初至，天气转凉，温补祛寒，注意保暖。

熊膀式

时节去燥三汁饮，粟子常食补脾土。
冷湿寒凉时时生，温中散热生姜汤。
湿寒冷燥咳嗽多，刮痧柿饼显奇效。
霜降悲秋心事重，熊膀转腰导引散。

扫一扫，
看视频，
学做节气操。

动作要点

成左弓步，左手收腰，右手握拳扭腰提至左肩。

节气操与健康

此操适合在霜降时节做。霜降时节，天气干燥寒冷，容易引发咳嗽等
症状，要注意保暖，可以多喝姜汤来暖身体。运动方面要注意动与静的合
理安排。常做熊膀式节气操有助于调节情绪，驱散寒气。

健康乐园

秋天到了，树叶黄了，风轻轻一吹，树叶便会飘落到地上，不一小会儿，地上便铺满了一层厚厚的金色地毯。天气转凉了，空气中飘来了一阵阵桂花的香味，让我们循着桂花的香味去寻找秋天吧！秋季天气多变，如果我们没有采取好预防措施，就容易感冒、腹泻。因此，秋天做好保健工作很重要。

秋天到，蓝天高。
雁南飞，果飘香。
大豆熟，高粱红。
棉花白似雪，
农民喜收获。

我的好习惯

秋天是干燥凉爽的，它不像夏天那样炎热，冬天那样寒冷。但是，秋天的天气又是多变的，小朋友最容易在冷热交替的过程中感冒。所以，秋天大家要养成好习惯，增强自己的抵抗力。

腹泻是秋季我们易得的常见病，大多是由于吃了不卫生的食物，尤其是带有病菌的食物所致。因此，秋季要特别注意饮食卫生，尤其是瓜果，要确保洗干净后（或者削皮后）再吃；食用量也要适度，更不能吃腐烂的瓜果。

入秋以后，我们会感觉到鼻腔和皮肤变得干燥，出现口干咽燥、咳嗽少痰、流鼻血等各种不适症状，这时我们要多喝水，多吃梨、柑橘、葡萄等水果，以改善这些症状。

小朋友，到了凉爽的秋季，可不能在睡觉时着凉。白天大家不能在露天处打盹儿或熟睡，晚上睡觉也有讲究，不能蒙头睡觉哦！

秋季天气干燥，为了防止鼻子因干燥出血，大家要经常清洗鼻孔和按摩鼻子哦！每天早晚洗漱时，要清洗鼻孔。上完厕所后，除了洗手外，也要清洁鼻子，清洗鼻孔。

晚上睡觉要注意三点：头不能受风、腹不能受冷、脚不能着凉。

头倾侧

用嘴呼吸

鼻子是人体呼吸系统的"门户"，要想不得呼吸方面的疾病，就得管好自家的"门户"，这样才能保护呼吸道。

小朋友，你知道我们的身体各时间段都在干什么吗？在这些时间段，我们应该养成怎样的好习惯呢？

辰时（7：00—9：00）：

吃早餐，营养身体安。我们在这个时候吃早餐最容易消化，吸收也最好。

早餐可吃一些稀粥、麦片等。如果不按时吃早餐，会引起肠胃不适。中医理论认为，早餐后（饭后）一小时按揉胃经，可有效改善胃肠功能。

申时（15：00—17：00）：

津液足，养阴身体舒。中医理论认为，膀胱贮藏水液和津液，水液会排出体外，津液则在体内循环。若膀胱有热，可致膀胱咳，且咳而遗尿。申时人的体温较高，阴虚的人最为明显，适当地活动则有助于体内津液循环。此外，喝滋阴泻火的茶水对阴虚的人也很有效。

子时（23：00—1：00）：

睡得足，黑眼圈不露。在子时之前睡觉，不但对胆有好处，对我们的大脑也有好处，早晨醒来后头脑清醒、气色红润，没有黑眼圈。如果子时前不能入睡，则气色青白，眼眶昏黑。同时，因胆汁排毒代谢不良，更容易生成结晶、结石。

我运动，我健康

　　户外锻炼不仅可以陶冶人的情操，使人心情愉悦，促进新陈代谢，增强体质，还可以帮助人们广交良师益友，开阔（kuò）眼界。

　　登山活动源于古代登高的习俗，从几千年前传承至今，受到人们的广泛喜爱。秋天是登山的黄金季节，五彩缤纷、层林尽染的山野令我们向往，让我们和爸爸妈妈一起在金色的秋天享受登山的乐趣吧!

　　登山有许多好处，它可以让我们接触大自然，看到更多的风景，促进我们肢体的协调能力和关节、肌肉的活动能力，使我们更有力量；登山还是一项有氧运动，可以增强我们的心肺功能，有利于身体健康；登山能让我们体会到坚持的意义，爬到山顶后，我们不仅能享受到战胜困难的喜悦，还能增强毅力和勇于战胜困难的决心。

　　登山前，要做好充分的准备，还要学会判断天气情况，避免因天气原因发生事故。

安全小广播

虽然登山对我们的身心健康有许多益处，但也有不安全的因素存在。为了保证登山过程的安全，我们需要注意以下几个方面：

登山安全小知识

①登山游玩时要听爸爸妈妈的话，不能独自行动，如果地面湿滑，要牵着爸爸妈妈的手一起走。

②要注意安全，走准、走稳、走好每一步。

③远离草丛：草丛里面可能有碎石，人容易滑倒，也可能有蛇或毒虫，人容易被咬伤。

秋季天气干燥，易出现火灾。在日常生活中掌握防火知识非常必要。

①秋天风大，不要在室外生火。

②不要将未熄灭的蜡烛、火柴扔进垃圾桶。

③电器应摆在阴凉干燥处，周围不要存放易燃、易爆物品，不要随意摆弄电器设备。

火警电话"119"

④发生火灾时，立刻拨打火警电话"119"。

节气生活通

秋季食养

《素问藏气法时论》中说:"肺主秋……肺欲收,急食酸以收之,用酸补之,辛泻之。"中医理论认为,酸味收敛补肺,辛味发散泻肺,秋天宜收不宜散。所以,秋季要尽可能少食葱、姜等辛味之品,适当多食一点酸味果蔬。"秋时肺金当令,肺金太旺则克肝木。"故《金匮要略》又有"秋不食肺"之说。《饮膳正要》则有"秋气燥,宜食麻以润其燥,禁寒饮"的记载,意思是说秋燥易伤津液,故饮食应以滋阴润肺为佳。

山药:味甘,性平。有补脾养胃、生津益肺、补肾固精之效。《本草纲目》记载,山药可"益肾气,健脾胃,止泄痢,化痰涎,润皮毛"。

百合:味甘,性微寒。有养阴润肺、清心安神之效。《本草纲目拾遗》记载,百合可"清痰火,补虚损"。

薏仁米:味甘淡,性微凉。有健脾渗湿、除痹止泻、清热排脓之效。《本草纲目》记载,薏仁米能"健脾益胃,补肺清热,去风胜湿","炊饭食,治冷气;煎饮,利小便热淋"。

白果清金露

原料：白果4克，玉竹4克，罗汉果1个。

白果：味甘、微苦，性平。有敛肺定喘之效。《本草便读》记载，白果"上敛肺金除咳逆，下行湿浊化痰涎"。

玉竹：味甘，性微寒。有养阴润燥、生津止渴之效。《广西中药志》云，玉竹"养阴清肺润燥"，可"治阴虚，多汗，燥咳，肺痿"。

罗汉果：味甘，性凉。有清肺润肠之效。《岭南采药录》记载，罗汉果可"理痰火咳嗽"。

红豆香薷（rú）煎

原料：香薷10克，赤小豆5克，炒白扁豆5克，茯苓5克。

香薷：味辛，性温。有发汗解暑、行水散湿、温胃调中之效。《食物本草》记载："夏月煮饮（香薷）代茶，可无热病，调中温胃。"

赤小豆：味甘、微酸，性平。有利水除湿、和血排脓、消肿解毒之效。《本草再新》记载，赤小豆可"清热和血，利水通经，宽肠理气"。

白扁豆：味甘，性微温。有健脾化湿、和中消暑之效。可用于治疗脾胃虚弱，食欲不振。《本草备要》记载，白扁豆"调脾暖胃，通利三焦，降浊升清，消暑除湿（能消脾胃之暑），止渴止泻，专治中宫之病"。

茯苓：味甘、淡，性平。有利水渗湿、健脾和胃、宁心安神之效。《医学启源》云，茯苓可"除湿，利腰脐间血，和中益气"。

霜降赏菊花

我国古代素有"霜打菊花开"之说。霜降时节正值秋菊盛开，登高山，赏菊花，是这一时节的雅事。菊被古人视为"候时之草"，是生命力的象征。南朝梁代吴均的《续齐谐记》上有记载，"霜降之时，唯此草盛茂"。我国很多地方在霜降时节都要举行菊花会，人们赏菊饮酒，以示对菊花的喜爱。

菊花味苦、甘，性微寒，归肺、肝经，有散风清热、平肝明目、清热解毒的功效，因此秋天喝菊花茶有助于预防秋燥。

音乐养生

扫一扫，
听金音。

金音（商声）

古人认为，金属、石制的古乐器，如编钟、磬、长号、三角铁等，发出的浑厚清脆之声为金音。从方位上看，金音在西。中医理论认为，金主气藏魄（pò），能加大人的肺活量，增强气魄。

金音连绵不绝、气势高昂、起伏委婉、震荡心肺，可以帮助人们扩充肺腑，加大肺活量，吸纳大量的氧气，有助于体内气血运行，增强代谢功能。

金音的最佳欣赏时间是 15：00—19：00。此时太阳西下，归于金气最重的西方。人体内的肺气在这一时段仍较为旺盛，可随着金音的旋律呼吸，一呼一吸之间，里应外合，事半功倍。

冬

说文解字

冬季是万物收藏的季节。甲骨文中的"冬"字就像一段两头被打上结的绳索，表示"终结"的意思。这形象地说明了冬季是一年四季中最后的季节。

到了金文中，"日"字仿佛被包裹在天空的云层之下，表示太阳光不再强烈，提供给地面的热量也变少了。到了小篆中，下面多出了"仌"（bīng）字，表示寒冷的冬天有尖尖的冰凌，滴水成冰。

冬天，寒风凛（lǐn）冽（liè），万物寂静。同时，冬天也是万物积蓄能量的季节。冬天到了，春天还远吗？生命会在下一个春季复苏。

| 甲骨文 | 金文 | 小篆 | 隶书 | 楷书 |

西风渐作北风呼——立冬

节气说

　　立冬是二十四节气中的第19个节气。古时候，人们认为立冬是冬季的开始，秋季作物已收晒入仓，动物准备冬眠，此时气温骤降，应特别注意保暖。立冬时节过后，北半球的日照时间将会继续缩短，全国范围内的气温会大幅降低，一些地方还会出现寒潮。因此，人们会在这一时节吃一些热量充足的食物。

节气档案

时间：11月7或8日。
寓意：冬季开始。
穿衣：大衣、风衣。

时间 胶囊

20(　　)年
(　　)月(　　)日

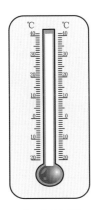

今日气温

天气风暴瓶

我的身高是(　　)厘米

一候　水始冰

我国幅员辽（liáo）阔，南北方气候存在较大差异。到了立冬时，北方的河面由于气温降低而开始结冰，虽然只是薄（báo）薄的一层，但表示冬天已经来了。

二候　地始冻

地面除了泥土、石块之外，还有大量水蒸气。立冬一到，这些水蒸气也安分下来——因气温降低，变成了冰碴（chá）子，使土地进入冻结状态。因此，在北方的一些地区，立冬到来后，当人们踩在泥土上时，会发出"咔（kā）哧（chī）咔哧"的清脆声音。

三候　雉（zhì）入大水为蜃（shèn）

雉身上有着鲜艳的羽毛。蜃是传说中的海怪，形似大蛤，身上布满条纹，远远看去，有点像雉。过了立冬，雉便不多见了，传说中像蜃的大蛤却越来越多，人们路过海边，远远看去，还以为那些大蛤是雉飞到海里变成的。

一花一草一世界

黄槐（huái）决明

黄槐决明外形优美，开花时满树黄花，是优良的行道树品种。立冬时节，南方地区的人常会看到黄槐决明黄色的小花挂在枝上，煞（shà）是好看。黄槐决明作为一种绿色植物，有着净化空气、减少噪声的作用。此外，黄槐决明的叶子能清热解毒，具有良好的药用价值。

山茶花

"榴叶经霜即脱，山茶戴雪而荣。"山茶花因为有凌寒绽放的特点，还得了"耐冬"的别名。山茶花是中国十大传统名花之一，不仅耐寒，而且花期持久，桃花都谢了，山茶花还在陆续开放。山茶花能吸收有害气体，起到净化空气的作用。因此，一些人喜欢把它作为盆栽养在室内。

一方水土一方人

吃饺子

饺子是一种历史悠久的民间美食，又称"交子"。饺子的形状和耳朵相似，故又有"娇耳"之称。"立冬到，立冬峭（qiào），立冬来了吃饺子"是一种传统民间习俗，表达了人们对冬天耳朵不要被冻伤的期盼。

冬酿

立冬之日开始酿黄酒，是浙江绍兴的酿酒风俗。因为冬季水里微生物少、温度低，可有效防止细菌的繁育，确保发酵的顺利进行。酒在长时间低温发酵过程中可以形成良好的风味。

冬泳

自古以来，我国人民都十分重视立冬这一节气，各地也都有非常丰富的庆祝活动。比如，黑龙江哈尔滨、河南商丘、江西宜春、湖北武汉等地的人们在立冬之日会选择以冬泳这种方式来迎接冬天的到来。这是一项既能强身健体，又能磨练意志品质的运动。

舌尖上的健康

二十四道风味——立冬饺

我国古代素有秋收冬藏的说法，在过去的农耕社会，劳动一年的人们会趁立冬这一天好好休息一下，顺便犒赏辛苦了一年的家人。这一天，人们通常会和家人一起热热闹闹地包饺子，围着饭桌聊聊家常。

节气时蔬——卷心菜

卷心菜又叫包菜，它有很多种烧法，如炝（qiàng）炒包菜、干锅包菜、醋熘包菜等，深受人们喜爱。卷心菜味美价廉，营养丰富，维生素C及钙的含量都很高，可以增强人体免疫力，并促进骨骼的发育。此外，卷心菜还含有较多的微量元素，可以促进人体的新陈代谢。

神奇的中草药

卷心菜不仅是味美的蔬菜，还是一味中草药，有清热、止痛、健脾胃的功效。

立冬推荐时蔬：山药。

立冬农事歌

立冬地冻白天消，羊只牲畜圈修牢。

培田整地修渠道，农田建设掀高潮。

爷爷说，立冬到来了，日照的时间会变得更短。但这个时候，地表下储存的热量还有一定剩余，天气还不算太冷。晴朗的日子里，还常常会有温暖和煦（xù）的"小阳春"天气，不但十分宜人，对冬季作物的生长也十分有利。立冬前后，降水会明显减少，所以一定要抓住时机给麦田、菜地、果树及时浇水，补充水分，防止"旱助寒威"，减少和避免冻害的发生。

立冬农事：做好防冻措施，管理好蔬菜大棚。

◎立冬小雪紧相连，冬前整地最当先。

◎西风响，蟹脚痒，蟹立冬，影无踪。

◎立冬种豌豆，一斗还一斗。

76

扫一扫，
写下你的
金点子。

立冬，是冬季的开始，北方地区率先进入大地冰封的时期。此时的北方地区，降水减少，偏北风增强；草木凋零，蛰虫休眠，万物活动趋向休止。立冬时节，我国民间素有补冬的习俗，通过滋补休养等方法度过寒冷的冬季。

你有什么过冬祛寒的好办法呢？

搭建昆虫"旅馆"

材料：废木头、废瓦片、废纸板（纸盒）、树皮、枯树枝、干草等。

步骤：

① 不同昆虫喜欢不同的家。查阅资料，了解哪些材料可以吸引特定的昆虫居住。

② 小组合作，设计昆虫的家。可以设计多个房间，供不同的昆虫居住。

③ 搜集并选择合适的填充物，如枯木条、废瓦片等。

④ 用木条或纸板搭建牢固的框架，安放在灌木丛或公园的阴凉处。

⑤ 在每个隔间放置不同的填充物，注意留出若干个小洞或空隙。

⑥ 美化昆虫"旅馆"，静待昆虫的到来。

科普链接

昆虫会被冻坏吗？当然不会，聪明的昆虫会通过冬眠、减少体内水分等方式度过寒冷的冬天。建造昆虫屋，可以吸引不同的昆虫来这里筑巢或越冬。不同的空间和结构适合不同的昆虫生活。比如，草蛉喜欢干草，竹子和木头会吸引蜂类、蚂蚁类昆虫。

节气文化驿站

诗词鉴赏

立冬即事二首（其一）

〔元〕仇远

细雨生寒未有霜，

庭前木叶半青黄。

小春此去无多日，

何处梅花一绽香。

中医药文化

中药足浴

　　中药足浴是具有中医特色的外治方法之一，它通过水的理化作用及药物的治疗作用，配合足底相应穴位的手法刺激，能够达到治疗多种疾病的目的。人的脚踝（huái）部以下有66个穴位和各脏腑器官相对应的反射区，如同人体的第二心脏。使用热水泡脚，就如同用艾条灸这些穴位一样，有推动血运、温煦脏腑、健身防病的功效。

健康语录：多点水，出点汗，早点睡，护点脚，防点病。

冬

节气操

献桃式

立冬美食气味厚，当归生姜最佳选。
早睡晚起待日光，凉头热脚养生诀。
谨防时节高血压，调节最妙按穴位。
冬不藏阳春必温，献桃通阳身静坐。

扫一扫，
看视频，
学做节气操。

动作要点

两脚并步，两手变勾手上提，勾肩朝正前方，双目看两手，尽力上提，两脚脚跟提至极限。

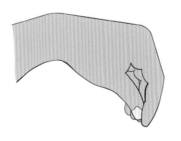

勾手

节气操与健康

此操适合在立冬时节做。冬季到来后，天气更加寒冷，人们容易出现手脚冰凉的情况。冬季，我们要养成早睡晚起的习惯，以给身体"保温"。常做献桃式节气操，有利于加快体内的血液循环，帮助人们更好地抵御（yù）严寒。

花雪随风不厌看——小雪

　　小雪是二十四节气中的第20个节气。"小雪"描述的是这一节气期间的天气特征——寒潮和冷空气活动较为频繁。小雪时节，我国北方会率先进入寒冷的冰封时期，南方也会开始出现雨雪天气。有的地方流行这样的谚语："小雪雪满天，来年必丰年。"这是人们对小雪时节降雪的赞美，此时的雪能帮助农作物抗旱防寒。

时间胶囊

　　20（　　）年
（　　）月（　　）日

节气档案

时间：11月22或23日。

寓意：寒潮和冷空气活动较频繁。

穿衣：皮夹克、毛呢外套、冬大衣。

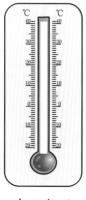

今日气温

天气风暴瓶

我的身高是（　　）厘米

童言三候

一候　虹藏不见

　　彩虹一般会出现在夏季雨后，需要空气中水分、阳光与温度的共同作用。小雪时节，气温逐渐降低，降雨较少，以降雪为主，因此，通常情况下，这个时节就见不到彩虹了。

二候　天气升地气降

　　小雪之后，气温越来越低，大自然中的动物和植物好像都开始沉睡了，天空中少了飞鸟的踪影，大地上动物奔跑的欢乐场景也消失了。一片沉寂之下，天空显得越发高，周边的环境也显得越发开阔了。

三候　闭塞成冬

　　小雪时节，由于天气变得寒冷，天地之间呈现一片冰雪晶莹的景象，这时候万物都好像停止生长。冰雪给人们的出行和动物的活动造成不便，在野外基本看不见动物的踪影。

灯笼花

"倒挂金钟酣(hān)醉曳，
殊(shū)悬(xuán)缛(rù)彩炽
(chì)情容。"

灯笼花又名倒挂金钟、吊钟
海棠，属多年生草本花卉，它种
类繁多，主要花色有红、紫、白三种。它虽娇艳美丽，却经不起夏日阳光
的炙烤。它喜欢凉爽、湿润的气候环境，冬季要求阳光充足，夏季则要求
半阴的环境，足见其娇嫩。

一品红

"百花开后傲西风，来殿(diàn)
群芳一品红。"

一品红又名象牙红，它的花很
小，一簇簇地开在红叶中间。那红色
的花瓣微张着，大部分藏在绿色的花
苞中，使人看不清它的样子。一丝丝
红色的花蕊顶着黄色的尖探出头来。远远看去，一个个小花蕾就像一颗颗
珍珠撒在雕刻着花纹的红盘中，又像一只只小蜜蜂落在花蕊中采蜜。

一品红花色鲜艳，花期长，开花正值元旦、春节，此时用一品红布置
室内环境，可增加喜庆的气氛。

一方水土一方人

腌腊肉

"冬腊风腌，蓄以御冬"的习俗已有上千年的历史。小雪后气温急剧下降，天气变得干燥，正是加工腊肉的好时候。此时，人们会把鲜肉抹上食盐，配上桂皮、丁香等香料，然后把肉腌在缸里。过一阵子，再用棕叶或竹篾（miè）把肉串挂起来，使其慢慢风干，以备食用。

晒鱼干

小雪时节，台湾岛中南部的渔民会晒鱼干，以备食用。因为小雪前后正是乌鱼、旗鱼等聚集于台湾海峡附近的时候。台湾地区有句谚语说，"十月豆，肥到不见头"，指的就是农历十月捕、晒的豆仔鱼肥美又新鲜。

吃刨（bào）汤

小雪前后，土家族人会举行一年一度的"杀年猪，迎新年"民俗活动，为寒冷的冬天增添了浓浓的节日气氛。吃"刨汤"是这一民俗活动的重要内容，指的是将温热的新鲜猪肉烹饪成大家喜爱的美食，用来款待亲朋好友。

舌尖上的健康

二十四道风味——小雪煲

小雪时节，煲一锅热乎乎的汤，喝下去浑身暖和，才能更好地抵御越来越冷的天气。此时，饭桌上一定不能缺少热气腾腾的，混合着香叶、八角、桂皮、枸杞和料酒香气的羊肉煲。

节气时蔬——白菜

说起白菜，你会想到什么？是冬日地窖里的小身影，还是餐桌上令人垂涎欲滴的腌泡菜？无论春、夏、秋、冬，无论南方、北方，白菜总能占据一席之地。人类食用白菜距今已有六七千年的历史。它可炒食、做汤、腌渍，民间素有"冬日白菜美如笋"之说。白菜的营养价值很高，不仅含有丰富的维生素C、维生素E，还富含钙质。不喜欢喝牛奶的人，可以通过食用足量的白菜补钙。白菜不仅营养丰富，还能祛痘养颜、健胃消食，其防癌抗癌的功效更是使其赢得了"百菜不如白菜"的赞誉。

神奇的中草药

作为一味中草药，白菜具有化痰止咳、解毒醒酒的功效。

小雪推荐时蔬：白菜、西兰花、冬笋、山药、大葱、萝卜、西葫芦。

爷爷的农事经

小雪农事歌

小雪地封初雪飘，幼树葡萄快埋好。

利用冬闲积肥料，庄稼没肥瞎胡闹。

爷爷说，小雪前后，天气由降雨变为降雪，但此时下雪的次数还比较少，降雪量也不是很大。俗话说"小雪铲白菜"，这一时节，要做好储藏白菜的准备。在白菜收获的前十天左右就要停止浇水，防止其受冻，并选择晴天铲收。小雪时节，农民在天气晴朗的时候会对播种时未施基肥或基肥不足的作物及时进行追肥。

小雪农事：贮藏蔬菜、农闲副业。

◎小雪封地，大雪封河。

◎小雪不起菜，就要受冻害。

◎立冬小雪北风寒，棉粮油料快收完。

◎小雪不封地，不过三五日。

扫一扫，
写下你的
金点子。

节气实践园

小雪时节，气温已有明显的下降。降雪有利也有弊，降雪带来的低温能冻死一些隐藏的害虫，抑制病菌的生长，降低来年病虫害发生的风险。但降雪也会使一些不抗寒的植物受到伤害。因此，小雪时节为植物提前做好防冻工作非常重要！

我给小树穿冬衣

材料： 草绳、石灰溶剂、刷子等。

步骤：

❶ 准备好材料，如果没有草绳，也可以用破旧衣物等代替。

❷ 将草绳按同一方向旋绕，直至小树的树干下部50厘米处被全部覆盖。

❸ 用刷子刷取石灰溶剂，涂至草绳覆盖的地方。（注意：石灰溶剂具有一定的腐蚀性，在使用时要注意安全）

想一想：除了小树外，生活中还有哪些物品容易冻坏？（比如自来水管等）应如何做好防冻工作呢？

科普链接

小雪时节，气温骤降，小树苗很容易被冻伤，有些小树苗会发生腐烂病甚至直接被冻死。因此，人们会采取在枝杈上裹保鲜膜、在树干上涂石灰或缠草绳等方式，避免冻害的发生，帮助树木安全过冬。

节气文化驿站

诗词鉴赏

小雪日观残菊有感

［元］方回

欲雪寻梅树，余霜殄菊枝。

每嫌开较晚，不道谢还迟。

早惯饥寒困，频禁盗贼危。

少陵情味在，时讽浣花诗。

中医药文化

太极拳

　　太极拳是以中国传统儒家、道家哲学中的太极、阴阳辩证理念为核心，集颐（yí）养性情、强身健体、技击对抗等多种功能于一体，结合易学的阴阳五行之变化、中医经络学、古代导引术和吐纳术等形成的一种内外兼修、柔和、缓慢、轻灵、刚柔相济的中国传统拳术。太极拳流派众多，总体上表现出以静制动、以柔克刚、避实就虚、借力发力等特点，常练太极拳具有防病治病、健身延年、陶冶性情的作用。

健康语录：晒太阳，注保暖，防感冒；勤泡脚，御寒冷，保睡眠。

伏虎式

小雪迎得寒气长，温阳补肾应天时。
冬有二参最相合，俏面凌寒无畏惧。
霜后茄秆最为妙，冻疮从此休再来。
面壁伏虎式为要，强肾体安步闲庭。

扫一扫，
看视频，
学做节气操。

动作要点

向左跨步成跨虎式，左手握拳向上勾，右手握拳向后挑，眼睛看右手。右侧拳式与左侧相同。

节气操与健康

此操适合在小雪时节做。小雪时节，无论饮食还是运动，都有讲究。让身体温暖起来才能预防冻疮。常做伏虎式节气操有利于防寒保暖，强肾固体。

北风卷地百草折——大雪

节气说

　　大雪是二十四节气中的第21个节气。大雪时节通常在每年12月7日前后到来。大雪时节，天气相较于小雪时更加寒冷，降雪的可能性也更大了。此时黄河流域渐有积雪，常呈现万里雪飘的迷人景观。俗话说"小雪腌菜，大雪腌肉"，到了大雪时节，许多地方的人们开始忙着腌制"咸货"，以迎接新年的到来。

时间 胶囊

20（　　）年
（　　）月（　　）日

节气档案

时间：12月6、7或8日。

寓意：天气更冷，降雪的可能性更大。

穿衣：冬大衣、皮袄、厚呢外套。

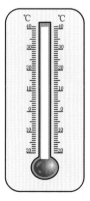
今日气温

天气风暴瓶

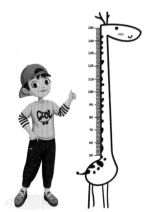
我的身高是（　　）厘米

童言三候

一候 鹖(hé)鴠(dàn)不鸣

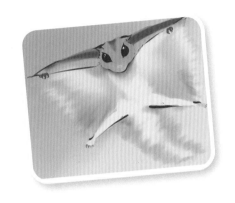

鹖鴠，古书中的鸟名。《本草纲目》认为，鹖鴠即寒号鸟。虽然名字中有"鸟"字，可它并不是鸟类，而是一种喜欢在夜里出没的鼠类动物，也叫复齿鼯（wú）鼠。大雪时节，天气变得更加寒冷，这种动物不再鸣叫。

二候 虎始交

自然界中有不少动物喜欢挑日子孕育宝宝，比如，青蛙喜欢夏天在温暖的池塘里繁殖后代。老虎喜欢在大雪来临时发出求偶信息，和伴侣一起等待春天的到来。

三候 荔挺出

一般来说，到了大寒时节，植物中的"百草"都枯萎了，但"荔挺"这种植物却与众草格外不同，每年一到大雪时节，它便挺出生长，堪称植物界的"小勇士"。

一花一草一世界

水 仙

水仙是多年生草本植物，别名金盏银台。水仙与蒜苗同属石蒜科植物，因此其叶子与蒜苗相似。水仙花花瓣一般为六片，呈鹅黄色，散发着淡淡清香。自古以来，人们就将其与兰花、菊花、菖（chāng）蒲（pú）并列为花中"四雅"，又将它与梅花、茶花、迎春花并列为雪中"四友"。在寒冷的冬季，只要一碟清水、几粒鹅卵石，用水培的方法，就能使其在万花凋零的寒冬腊月展翠吐芳，表现出盎然春意。人们常用它庆贺新年，作为"岁朝清供"的年花。

小苍兰

小苍兰别名香雪兰，于冬春开花，夏季休眠。它花色鲜艳，香气浓郁，颜色丰富，花期较长。小苍兰一般在元旦、春节开放，是点缀客厅和书房的理想盆花。由小苍兰提炼的精油对皮肤具有良好的护理作用，常作为沐浴乳、身体保养乳的原料。

一方水土一方人

雪季捕乌鱼

"大雪纷纷落，明年吃馍馍。"这个谚语是在讲冬天下雪的好处。台湾地区流行这样一句谚语：小雪小到，大雪大到。这一谚语指的是从小雪时节开始，乌鱼群就进入台湾海峡，整个台湾岛西部沿海一带都可以捕获乌鱼。

兑糖儿

"糖儿客，慢慢担，小息儿跟着一大班。"以前，每逢大雪时节，温州街头就会出现"兑糖儿"的场景。大雪时节，温州各地制糖的小作坊都会将制好的糖提供给专门挑着担子走街串巷的小商贩（俗称"糖儿客"）。这些小商贩收到糖后，会一边摇着小拨浪鼓，一边吆喝，走街串巷。小朋友常常被他们吸引住，此时家长便会购买一些糖给小朋友吃，俗称兑糖儿。

冰戏如飞

"小雪封地，大雪封河。"到了大雪时节，东北地区的河面都结冰了，人们可以在岸上欣赏冰雪封河的美丽风光，也可以到结冰的河面上滑冰。滑冰是有趣的冬季娱乐项目，古时候叫作冰戏。东北地区冬季气温很低，河面往往冻得结结实实，滑冰这一活动十分流行。人们穿着冰鞋，动作敏捷，技术好的还能滑出各种花样。

舌尖上的健康

二十四道风味——大雪炉

"绿蚁新醅（pēi）酒，红泥小火炉。晚来天欲雪，能饮一杯无？"白居易的这首诗描绘了冬日天降大雪时的温暖场景。爸爸妈妈小时候，每当雪越下越大，爷爷奶奶总是能准确地从杂物堆里把那个积满灰尘的铜炉子翻出来，好好擦拭一番便明亮如初，清汤锅底、麻辣锅底和满满一桌子菜，都快要把窗外的雪融化了。寒冷的冬日，吃上暖暖的大雪炉，浑身都会变得暖暖的。

节气时蔬——萝卜

萝卜在我国民间有"小人参"的美称。一到冬天，美味的萝卜烧肉、萝卜汤、素炒萝卜丝等，是家家户户饭桌上的常客。营养学研究表明，萝卜营养丰富，含有大量的碳水化合物、植物蛋白、叶酸以及多种维生素。值得一提的是，萝卜的维生素含量十分丰富，是梨的8～10倍呢！经常食用萝卜，可改善肤质，还能降低胆固醇和血脂，保护血管。从某种程度上说，萝卜的效用甚至不亚于人参，所以民间有"十月萝卜赛人参"的说法。

神奇的中草药

萝卜不仅味美，也是一味中草药。它有止咳化痰、健胃消食、利尿止渴的功效。

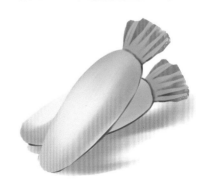

大雪推荐食物：萝卜、白菜、红薯、西兰花、菠菜。

大雪农事歌

大雪腊雪兆丰年，多种经营创高产。

及时耙耘保好墒，多积肥料找肥源。

爷爷说，瑞雪兆丰年。民间还有这样一种说法："冬天麦盖三层被，来年枕着馒头睡。"这是因为厚厚的积雪覆盖着大地，可以给冬季的农作物营造一个良好的生存环境。融雪不仅增加了土壤的温度，还为春季作物的生长储备了能量。此外，雪水中的氮化合物含量是普通雨水的8倍，因此，雪水还具有肥田的作用。如果下雪不及时，人们就要在天气稍暖的时候，偶尔向麦田里浇灌一两次冷冻的水，以增强小麦的越冬能力。

大雪农事：培育壮苗，做好保暖工作。

◎雪打高山，霜打平地。

◎冬雪消除四边草，来年肥多害虫少。

 扫一扫，
写下你的
金点子。

雾霾（mái）是一种大气污染现象，空气中的PM2.5（又称可入肺颗粒物，是指大气中直径≤2.5微米的颗粒物）是造成雾霾的"元凶"。霾主要由气溶胶组成，它可在一天中任何时候出现。霾中含有数百种大气化学颗粒物质，在人们毫无防范时侵入人体呼吸道和肺叶，引起呼吸系统、心血管系统的疾病。因此，雾霾必须引起人们足够的重视。

自制防霾口罩

材料：布料、剪刀、针线、白纸、松紧带、棉花、活性炭等。

步骤：

❶ 在白纸上画出适合自己脸型的口罩模型。

❷ 参照相应的模型，在布料上进行裁剪，注意要剪成两片。

❸ 将剪好的两片布料合在一起，边缘处缝合并翻面；也可以在两片布料之间加棉花和少量活性炭，以增加吸附效果。

❹ 在缝合后的布料两端缝上松紧带，作为挂耳。这样，防霾口罩就做好了。

科普链接

口罩是一种卫生用品，一般用于过滤进入口鼻的空气，以达到阻挡异味、飞沫、有害气体进入口鼻的作用。口罩各式各样，功能也不尽相同，主要分为空气过滤式口罩和供气式口罩两类。

节气文化驿站

诗词鉴赏

江 雪

[唐] 柳宗元

千山鸟飞绝，

万径人踪灭。

孤舟蓑笠翁，

独钓寒江雪。

中医药文化

八段锦

　　八段锦是一种气功功法，因其动作舒展优美，如锦缎般柔顺，又因其功法共为八段，每段一个动作，故名"八段锦"。八段锦在姿势上分为站式和坐式两种，站式要求双脚微分，与肩同宽，运动量比较大；坐式要求盘膝正坐，练法恬静，运动量小，适于起床前或睡觉前穿内衣锻炼。八段锦的每一段动作都有明确的健身目的，综合起来对五官、头颈、躯干、四肢、腰、腹等全身各部位，以及相应的内脏，还有气血、经络等都能具有保健、调理作用。

健康语录：大雪至，雪花飘，天变冷。穿厚衣，多运动，强体魄。

节气操

横拳式

北风吹地百草折，呵护阳气躲风寒。
打通心肺护君阳，天寒地冻温心阳。
补气升阳黄芪粥，疏通肠道交通畅。
蘑菇花生回阳汤，横拳能习君相火。

扫一扫，
看视频，
学做节气操。

动作要点

向右跨步，左右手呈握枪姿势，向右扭腰，左脚跟进。

节气操与健康

此操适合在大雪时节做。大雪时节，北风呼呼地吹着，在这天寒地冻的时节，我们一定要注意保护心肺。常做横拳式节气操有利于增强心肺功能，疏通肠道。

清霜风高未辞岁——冬至

节气说

　　冬至是二十四节气中的第22个节气。冬至又称日短至，是最早被确定的节气。它既是重要的节气，也是中国民间重要的传统节日之一。在周代，冬至是新年的第一天。现在，冬至这一天，北方人一般会吃饺子、馄（hún）饨（tun），南方人会吃汤圆、米团、长线面。

时间 胶囊

20（　　）年
（　　）月（　　）日

节气档案

时间：12月21、22或23日。

寓意：真正的寒冬即将来临，白昼将会逐日增长。

穿衣：棉衣、手套、羽绒服。

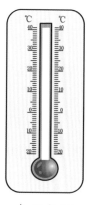

今日气温

天气风暴瓶

我的身高是（　　）厘米

童言三候

一候 蚯（qiū）蚓（yǐn）结

蚯蚓是一种对温度和湿度比较敏感的环节动物。冬至时，地面温度非常低，土壤中的蚯蚓感觉到寒冷，蜷缩着身体，抱团取暖睡觉。等到来年春暖花开时，才会伸展身体，开始活动。

二候 麋（mí）角解

麋鹿也叫"四不像"，它的头和脸像马，角像鹿，蹄像牛，尾像驴。麋鹿身上最显眼的部位是角，一般成年雄性麋鹿的角长可达80厘米。冬至后，白昼由短变长，日照时数增加，麋鹿角开始自然脱落，以便来年更好地生长。

三候 水泉动

冬至后，白昼由短变长，阳光铺洒地面的时间渐渐多了起来，没有结冰的泉水和地下河流，又重新流动起来。

蜡 梅

蜡梅是一种蜡梅科植物，蜡梅花花蕾干燥，又名雪里花。蜡梅花花色棕黄，呈小铃铛（dāng）状，花香浓烈，沁人心脾，通常先开花，后长叶，在百花凋零的隆冬绽蕾，斗寒傲霜，给人以精神的启迪和美的享受。古诗赞曰："缟（gǎo）衣仙子变新装，浅染春前一样黄。不肯皎然争腊雪，只将孤艳付幽香。"

长寿花

长寿花又名矮生伽蓝菜，其花期临近元旦，且花期较长，因此常作为衬托新年氛围的节日用花。长

寿花植株小巧玲珑，叶片翠绿，花朵密集，适合作为室内盆栽。由于俗名"长寿花"，逢年过节时人们常会将其作为礼物赠送给亲朋好友，寓意身体健康，长命百岁。

一方水土一方人

冬至大如年

我国民间流传着"冬至大如年"的说法。冬至这一天，我国北方地区有吃馄饨、饺子的习俗，南方地区则流行吃汤圆、米团、长线面。有的地区还会在冬至当天祭祖，缅怀先人。

数九九

我国民间又把冬至称作"交九""数九"。从冬至这一天起，每隔九天作为一个"九"，共分成九个"九"，有九九八十一天，之后便进入春天。"一九二九不出手，三九四九冰上走，五九六九沿河看柳，七九河开，八九雁来，九九加一九，耕牛遍地走。"这便是大家耳熟能详的数九歌。

娇耳

饺子原名"娇耳"，有"消寒"之意。相传，医圣张仲景冬天看到受冻的百姓时，就将一些温热的食材如羊肉放在锅里熬煮，然后将它捞出来切碎，用面皮包成耳朵样的娇耳，烧

"祛寒娇耳汤"，分给他们吃。后来每逢冬至，我国北方大部分地区都要吃饺子。至今民间还流传着"冬至不端饺子碗，冻掉耳朵没人管"的谚语。

二十四道风味——冬至团

汤圆是一种用糯米粉制成的甜品,"圆"象征着团圆、圆满。冬至吃的汤圆又叫冬至团,寓意家庭和谐、美满。长辈们常说,冬至的汤圆吃一碗,长一岁。在南方的一些地区,冬至这天,天还未亮,勤劳的家庭主妇便会起床生火煮汤圆。一早,全家围坐在一起吃汤圆,寓意团团圆圆。

节气时蔬——菜花

冬季天气寒冷,蔬菜的种类也相对较少。菜花是比较常见的蔬菜。它不仅美味,且维生素含量十分丰富,可以帮助小朋友增强身体免疫力,更好地生长发育。清代诗人查慎行曾写下"长水塘南三日雨,菜花香过秀州城"的诗句,表达了人们对菜花的喜爱。

神奇的中草药

菜花作为一味中草药,具有预防感冒、改善视力、美白皮肤的功效。

冬至推荐时蔬:菜花、芹菜、包心菜、萝卜、菠菜、冬笋。

冬

冬至农事歌

冬至严寒数九天，羊只牲畜要防寒。

积极参加夜技校，增产丰收靠科研。

爷爷说，冬至后和冬至前的天气特点有很大的差异。冬至前的冷空气较干燥，不容易带来降水。而冬至后的冷空气则夹带着不少水汽，若被山地阻挡而抬高，就较易形成云雨。因此，冬至后的寒潮活动多表现为阴天、小雨或雨夹雪。冬至后，即将进入全年最冷的时期，要加强对农作物的管理，及时清沟排水，对于一些尚未翻耕的农田要及时进行翻耕，疏松板结的土壤，同时做好消灭越冬害虫的工作。

冬至农事：积肥造肥，兴修水利。搞好农田建设，做好防冻工作。

◎冬至晴，正月雨；冬至雨，正月晴。

◎冬至晴，新年雨，中秋有雨冬至晴。

◎冬至不冷，夏至不热。

扫一扫，写下你的金点子。

节气实践园

我国民间流传着这样的谚语："十月一，冬至到，家家户户吃水饺。"每逢冬至，我国北方地区家家户户都会擀面皮、包饺子，驱寒养生。

自制蔬菜饺子皮

材料： 面粉、紫甘蓝、南瓜、胡萝卜。

步骤：

❶ 将紫甘蓝切丝，放入热水中煮开，小火焖一会儿，滤出渣，留下晶莹的紫色汤汁，用来和面。

❷ 将南瓜洗净，去皮，切薄片，隔水大火蒸熟，取出和面。

❸ 将胡萝卜去皮，洗净，切薄片，入蒸锅蒸熟，取出捣成泥，和面。

❹ 把每种颜色的面团揉匀，搓成长条形（粗细匀称）备用。

❺ 将长条形面团均匀切成若干个小圆柱，将小圆柱擀成彩色面皮，包饺子。

科普链接

蔬菜的营养与它的颜色有着密切的联系。绿色系蔬菜富含叶绿素、维生素和膳食纤维；红、黄、橙色系蔬菜含有丰富的类胡萝卜素；紫色系蔬菜，如紫薯、茄子等含有丰富的花青素；白色系蔬菜，如莲藕等含有丰富的膳食纤维和钾、镁等元素。各种蔬菜有着不同的特点和营养元素，烹饪时要注意方法哦！

节气文化驿站

诗词鉴赏

小　至

[唐] 杜甫

天时人事日相催，冬至阳生春又来。

刺绣五纹添弱线，吹葭六琯动浮灰。

岸容待腊将舒柳，山意冲寒欲放梅。

云物不殊乡国异，教儿且覆掌中杯。

中医药文化

五禽戏

五禽戏是中国传统导引养生的一个重要功法，即通过模仿虎、鹿、熊、猿、鸟（鹤）五种动物的动作，达到治病养生、强身健体的目的，其创编者为华佗。其中，熊戏可以调理脾胃，增强体力；鹤戏可以改善呼吸，调运气血，疏通经络；虎戏可以填精益髓（suǐ），强腰健肾；鹿戏可以舒展筋骨；猿戏可以使肢体更灵活。练五禽戏要注意全身放松，意守丹田，呼吸均匀，做到外形和神气都要像五禽。

健康语录：冬至日，不农忙，庆节日。包饺子，喝热汤，不冻耳。

节气操

盘根式

阴盛阳虚冬至日，脏腑平和宜温补。
冬至徐行耳通肾，防病未病开窍肾。
人体各有先天异，三九进补有误区。
盘根导引入肾阳，无论寒热肾中平。

扫一扫，
看视频，
学做节气操。

动作要点

前方跨步成剪刀步，左脚在前，右脚在后，成弓步，右手变掌收至左脚脚踝，左手变掌，掌心朝外收至右肩峰。

节气操与健康

此操适合在冬至时节做。冬至到来后，人身体内的阳气更弱，这个时候预防疾病，首先要补肾，多吃一些温补的食物。常做盘根式节气操有助于补肾阳，驱散体内的寒气。

小寒唯有梅花娇——小寒

节气说

　　小寒是二十四节气中的第23个节气。通常来说，小寒是农历腊月的节气，最初起源于黄河流域。由于古人会在农历十二月份举行祭祀活动，因此把腊祭所在的农历十二月叫作腊月。小寒，标志着寒冬的正式开始。冷气积久而寒，小寒则表示寒冷的程度，意思是开始进入一年中最寒冷的日子。一般而言，小寒到来时，我国大部分地区已进入严冬。

时间 胶囊

20（　　）年
（　　）月（　　）日

节气档案

时间：1月5、6或7日。
寓意：开始进入一年中最寒冷的日子。
穿衣：羽绒服、呢帽、手套、围脖。

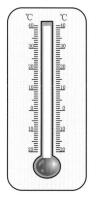

今日气温

天气风暴瓶

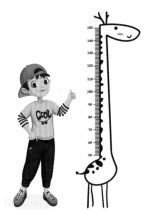

我的身高是（　　）厘米

童言三候

一候　雁北乡

大雁是出色的空中旅行家。古人认为，大雁是顺着阴阳迁移的。小寒时节，大雁感受到北方不久将会气温升高，阳气上升，便开始自南向北飞回故乡了。

二候　鹊始巢

喜鹊的巢常筑在高大树木的树冠顶端。小寒时节，随着温度降低，喜鹊感知到天气的变化，便开始衔（xián）枝建巢，为过冬产卵做准备。

三候　雉始鸲（qú）

雉是一种长得像鸡的鸟，人们也将其称作野鸡。"鸲"在这里指的是一种求偶的鸣叫。小寒时节，野鸡开始鸣叫求偶。

一花一草一世界

梅 花

"墙角数枝梅，凌寒独自开。"梅花是中国十大传统名花之一，与兰花、竹子、菊花并列为"四君子"，与松、竹并称"岁寒三友"，深受广大民众喜爱。梅花属于蔷薇科，花开时未长叶，气味芳香，是冬季赏花的首选。

款 冬

款冬又称冬花，是多年生菊科草本植物。款冬还是一味中草药，通常在花蕾期就被采摘，并放置于通风干燥处，除去泥沙、花梗，晒干入药，有润肺、化痰、止嗽的功效。款冬主要生长在山区，宜栽培于海拔在800米以上的山坡半阴地带。款冬因长相比较普通，又与菊花相似，而常被人们忽略，但因其绽放于寒冬时节，且具有较高的药用价值，又受到许多人的关注。

一方水土一方人

画图数九

生活在黄河流域的人们，每逢小寒时节，都喜欢画《九九消寒图》。《九九消寒图》是什么？它其实是一幅双钩描红书法——"亭、前、垂、柳、珍、重、待、春、风"的繁体字，每字九画，共九九八十一画，从冬至开始，每天按照笔画顺序填充一个笔画，直至结束。

喝腊八粥

熬腊八粥是在农历十二月初八，即腊八节这天进行的民俗活动。熬制腊八粥需要很多种食材。《燕京岁时记·腊八粥》记载："腊八粥者，用黄米、白米、江米、小米、菱角米、栗子、红豇豆、去皮枣泥等，合水煮熟，外用染红桃仁、杏仁、瓜子、花生、榛（zhēn）穰（ráng）、松子及白糖、红糖、葡萄，以作点染。"

补膏方

我国古代的医学典籍《黄帝内经》说："春夏养阳，秋冬养阴。"滋补膏方不仅能预防和治疗疾病，还有强身健体的功效，在冬日受到广大民众的欢迎。

舌尖上的健康

二十四道风味——小寒粥

"小寒不寒，清明泥潭。"小寒预示着真正的严冬到来了。小寒时节，除了腊八粥外，一些地方的人们还会熬制南瓜粥、红薯粥、桂圆粥等，这些热粥给寒冬中的人们带来了丝丝暖意。

节气时蔬——山药

你有过这样的经历吗？当我们处理山药时，手会感觉到痒。这是因为山药表面含有一种物质，会导致皮肤瘙痒，因此在处理山药时，最好戴上手套。山药是一种历史悠久的作物，我国早在春秋时期就有食用山药的记载，《本草纲目》中对山药栽培也有记载。山药具有药用价值，可改善消化不良等症状，补脾胃亏损。小寒时节，人们需要进补，山药就是此时许多家庭餐桌上必不可少的佳肴。

神奇的中草药

山药不仅是味美的蔬菜，还是一味药用价值极高的中草药。它可以改善消化不良等症状，补脾胃亏损。

小寒推荐时蔬：萝卜、小白菜、芹菜、芋头、茼蒿、花菜。

小寒农事歌

小寒进入三九天，丰收致富庆元旦。

冬季学习新农技，不断总结新经验。

爷爷说，小寒的到来，意味着我们进入了隆冬时节。民谚有云："小寒大寒，滴水成冰。""小寒胜大寒，常见不稀罕。"这个时候的寒冷天气会对农作物产生不利影响，要加强农作物的防寒工作。如果采取覆盖的方式帮助农作物避寒，要适时揭开，尽量使农作物多照阳光，即使是雨雪低温天气，棚外草帘等覆盖物也不可连续多日不揭，否则会影响植株正常的光合作用，造成营养缺乏。

小寒农事：防寒防冻，积肥造肥，兴修水利。

◎小寒不寒，清明泥潭。

◎小寒大寒不下雪，小暑大暑田开裂。

◎小寒蒙蒙雨，雨水还冻秧。

◎小寒大寒寒得透，来年春天天暖和。

节气实践园

扫一扫，
写下你的
金点子。

　　雪花，又名未央花、六出，是一种美丽的晶体，其结构会随温度的变化而变化。当云层中的温度低于0℃时，过冷的水滴就会以尘埃粒子为核心，凝聚成雪花晶体雏形，它们在飘落过程中成团联结在一起。不同温度下，雪花的形状也不尽相同。据说，雪花的晶体有80多种，主要有针状、柱状、板状等，不同晶体之间又有多种组合，形状各异。

<h3 style="text-align:center">观察霜的形成过程</h3>

材料： 保鲜袋、家用电冰箱、笔记本、笔、小树枝和土块。

步骤：

❶ 把小树枝和土块等装入保鲜袋中。

❷ 向袋中注入一些水，并用嘴向袋中呵10~20口热气，把袋子吹胀后用绳扎紧。

❸ 把袋子放入家用冰箱的冷藏柜中，12小时后取出。

❹ 仔细观察，并把观察到的现象记录下来。观察过程不能持续太久，否则冰晶会融化。

科普链接

　　"霜重见晴天"，小寒时节，在晴冷的夜晚或清晨，草地中、土块上常常会覆盖着一层霜。其实，霜并不是从天空降下来的，而是由近地面的水蒸气凝华而成的。表面积大、粗糙的物体上更容易成霜。

诗词鉴赏

小寒食舟中作

［唐］杜甫

佳辰强饮食犹寒，隐几萧条戴鹖冠。

春水船如天上坐，老年花似雾中看。

娟娟戏蝶过闲幔，片片轻鸥下急湍。

云白山青万余里，愁看直北是长安。

中医药文化

六字诀

六字诀是一种呼吸吐纳的健身气功，通过呬（si）、呵（hē）、呼（hū）、嘘（xū）、吹（chuī）、嘻（xī）六个字的不同发音口型，唇齿喉舌的不同用力，以牵动脏腑经络气血的运行。六字诀的预备

式为：两足开立，与肩同宽，头正颈直，含胸拔背，松腰松胯，双膝微屈，全身放松，呼吸自然。配合顺腹式呼吸（即吸气时让腹部鼓起，吐气时收缩腹部的呼吸法），先呼后吸，呼时读字，同时提肛缩肾，体重移至足跟。每个字读六遍后，调息一次，以稍事休息，恢复自然。

健康语录：白开水，要多喝；户外行，戴棉帽，穿棉袄；勤泡脚，身体好。

节气操

云手式

小寒扶正是养生，助阳驱寒是归处。
阴盛阳微易中风，真阳虚损药膳妙。
冬季寒燥病易生，防治结合是锦囊。
顺天应时藏真阳，云手阴阳自平秘。

扫一扫，
看视频，
学做节气操。

动作要点

双手变掌，掌心朝内，扭腰转肩，同时向左侧时，左脚先行，右脚跟上；向右侧时，右脚先行，左脚跟上。

节气操与健康

此操适合在小寒时节做。小寒时节，天气干燥寒冷，人容易生病，我们要做到防病治病相结合。常做云手式节气操，可以抵御风寒，使体内阴阳平衡。

蜡树银山炫皎光——大寒

节气说

　　大寒是二十四节气中的最后一个节气。在许多年份，大寒时节与腊月二十三相伴。在我国北方地区，腊月二十三是小年，也是传说中的祭灶节。据说，除夕晚上，灶王爷还要回到人间过年，因此除夕民间还有"接灶""迎神"的传统。同小寒一样，大寒也表示天气寒冷的程度。此时，天气已经到了极冷的时候，特别是我国南方沿海一带，会出现全年的最低气温。大寒过后，我国最重要的传统节日——春节就要到来了。因此，这个时候，家家户户都在忙着扫尘洁物、准备年货等。

时间 胶囊

20（　　）年
（　　）月（　　）日

节气档案

时间：1月20或21日。
寓意：天气严寒，最寒冷的时期到来。
穿衣：围脖、羽绒服、厚棉服、手套。

今日气温

天气风暴瓶

我的身高是（　　）厘米

童言三候

一候 鸡始乳

大寒时节，歇冬的母鸡长满密集的羽毛，并开始产蛋，密集的羽毛能营造温暖的环境，更有利于小鸡的孵化。

二候 征鸟厉疾

大寒时节，很多小动物都躲起来冬眠了，老鹰仍然双目炯炯地寻找猎物，并以迅雷不及掩耳之势捕捉冬日出来溜达的小动物，以补充能量，抵御严寒。

三候 水泽腹坚

大寒是大部分地区一年中最冷的时期。此时，部分地区的气温会达到－15℃，河塘水域中央也会结冰，北方一些地区的人们甚至可以在河面上溜冰了。

兰 花

兰花是中国十大传统名花之一，是一种以香气著称的花卉。其香清雅幽微，一枝在室，满屋飘香。古人有"兰之香，盖一国"的说法，故兰香又有"国香"之称。

中国人历来把兰花视作高洁典雅的象征，并将之与梅、竹、菊并列，合称"四君子"。我国古代的文人，常把诗文之美喻为"兰章"，把真挚的友谊喻为"兰交"，把良友喻为"兰客"。

瑞 香

"真是花中瑞，本朝名始闻。"瑞香又称睡香、蓬莱紫、毛瑞香、千里香，是瑞香科瑞香属植物。金边瑞香是瑞香的变种，以"色、香、姿、韵"四绝蜚声世界，是世界园

艺三宝之一。瑞香全身都是宝，它的根、茎、叶、花都可入药。它性甘无毒，有清热解毒、消炎去肿、活血化瘀的功效。

一方水土一方人

除 尘

除尘又称"除陈""打尘",是进行大扫除的意思。"家家刷墙,扫除不祥",就是把穷苦和厄运扫除干净。民间还有"腊月不除尘,来年招瘟神"的说法,除尘一般在腊月二十三四,即"祭灶"日进行。

尾牙祭

我国东南沿海地区至今流传着尾牙祭的传统。尾牙是从拜土地公的习俗(俗称"做牙""牙祭")演变而来的。东南沿海一带的人们一般以农历二月二为"头牙",以后每逢初二和十六都要"做牙",到了农历十二月十六日这天,正好是"尾牙"。尾牙这一天,做生意的人都要大摆宴席,宴请宾客、员工。白斩鸡是经常出现在这天宴席上的一道菜。相传,鸡头朝谁,就表示老板明年要解雇谁。所以,现在很多老板都会把鸡头朝向自己,这样员工们就能安安心心地享用佳肴,回家过个安稳年了。

糊 窗

"糊窗户,换吉祥。"糊窗就是用新纸裱糊窗户。为了美观,更为了增添喜庆的氛围,有的人家会剪一些吉祥图案贴在窗户上,这就是我们平时所说的"贴窗花"。贴窗花一般在腊月二十五进行,以迎接新年的到来。

舌尖上的健康

二十四道风味——大寒宴

大寒时节一般在农历除夕前后，也正是亲友相聚、阖家团圆的时候。一家人围坐在餐桌旁，摆上最丰盛的菜肴和品类繁多的糖果，分享着一年来的收获。

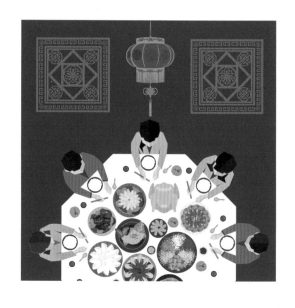

节气时蔬——胡萝卜

"红公鸡，绿尾巴，身体钻到地底下，又甜又脆营养好。"你肯定猜出来了吧，这则谜语说的就是胡萝卜。

胡萝卜，又名金笋，也有人称它"小人参"。胡萝卜是重要的蔬菜，目前中国已成为世界上重要的胡萝卜生产国。

你知道吗？胡萝卜中含有丰富的胡萝卜素，其含量大大超过土豆、芹菜等日常蔬菜。胡萝卜素可以补肝明目，治疗夜盲症。胡萝卜中还含有降糖物质，适合高血压、冠心病患者食用。

神奇的中草药

胡萝卜也是一味中草药，它可以治疗脾胃虚弱、咽喉肿痛和腹泻等疾病。

大寒推荐时蔬：萝卜、胡萝卜、香菜、菠菜、红薯。

爷爷的农事经

大寒农事歌

大寒虽冷农户欢，富民政策夸不完。

联产承包继续干，欢欢喜喜过个年。

爷爷说，大寒是一年中雨水最少的时期。大寒时节，要注意观察农作物的生长状况，及时浇灌，这对小麦等作物的生长有极大的好处。大寒时节，通常正值农历腊月，这时降的雪称为腊雪，对农业生产是大有帮助的。比如，用雪水浸种，可提高种子的发芽率，促进作物生长。同时，雪融化时会消耗土壤里大量的热量，使地温突然降到0℃左右，可以冻死部分越冬害虫和虫卵，减少虫害的发生。

大寒农事：加强越冬作物的防寒防冻工作。

◎大寒不寒，清明泥潭。

◎腊七腊八，冻裂脚丫。

◎大寒到顶点，日后天渐暖。

扫一扫，写下你的金点子。

节气实践园

冰是水的固体形态，当温度降低到0℃以下时，水就会凝结成冰，体积增大约十分之一。由于同体积的冰比水轻，所以冰会浮在水面上。自然界的结冰情况是气候变化的重要指征。全球陆地表面覆冰面积非常大，但由于全球变暖加剧，冰川加速融化，严重影响了冰原生态和全球气候。

制冰大赛

材料：20毫升热水、20毫升冷水、两支试管、大烧杯、冰块、盐等。

步骤：

① 水加热至80℃以上，把20毫升热水放一会儿后倒入1号试管，贴上"热水"标签。

② 在2号试管中倒入20毫升冷水，贴上"冷水"标签。

③ 两支试管同时放入装满碎冰的大烧杯，向大烧杯中加盐。

④ 记录观察到的现象，看看哪支试管的水先结冰。

科普链接

科学家通过实验发现，相较于冷水，热水结冰更快。人们把这一现象称作"曼巴效应"。早在两千多年前，古希腊的亚里士多德就观测到了这一现象。

科学家用传感器经过多次实验发现，含有不同成分的水，其冰点相差很大，自来水的冰点比蒸馏水高，因此100℃的自来水可能比25℃的蒸馏水更先结冰。

节气文化驿站

诗词鉴赏

大寒吟

[宋] 邵雍

旧雪未及消，新雪又拥户。

阶前冻银床，檐头冰钟乳。

清日无光辉，烈风正号怒。

人口各有舌，言语不能吐。

中医药文化

易筋经

"易"即变通、改换、脱换之意，"筋"指筋骨、筋膜，"经"则带有指南、法典之意。易筋经就是改变筋骨，通过修炼打通全身经络的一种传统中医运动健身法。易筋经源于我国古代，具有强健体魄、预防疾病的效果。

古本十二式易筋经包括捣杆舂粮、扁担挑粮、扬风净粮、换肩扛粮、推袋垛（duò）粮、牵牛拉粮、背牵运粮、盘萝卸（xiè）粮、围穴囤（tún）粮、扑地护粮、屈体捡粮以及弓身收粮等动作。

健康语录：动一动，防风寒；补水分，重保暖；要早睡，重调养。

潜龙式

大寒时节阴中阳，防风御寒不放松。
冬春之季运气复，温补之道含文章。
补肾壮阳为最要，潜藏阳气春发生。
潜龙之式生真阳，功法能生先后天。

扫一扫，
看视频，
学做节气操。

动作要点

　　两手成托长枪之势，右手在前，左手在后。左脚在前，右脚在后成交叉步。右侧练习方法与左侧相同。

节气操与健康

　　此操适合在大寒时节做。大寒是冬天的最后一个节气，防风御寒工作依然不能放松。常做潜龙式节气操有利于身体保暖、补肾壮阳。

冬

健康乐园

冬天到了，北风带来了远方的寒流，不少地方鹅毛大雪漫天飞舞，白雪就像巨大、轻柔的羊毛毯，盖住了整个大地。冬季天气寒冷，如果不加注意，我们的身体就容易受寒气的影响，小手冰凉、抵抗力下降，甚至生病。那么，在寒冷的冬天，我们需要注意些什么呢？

冬天到，雪花飘。
北风吹，天变冷。
小燕子，往南飞。
我也穿上小棉袄。

寒冷的严冬，河水一改往日的活泼，好像安静地睡着了。我们也似乎经历着"冬眠"——进行户外活动的时间变少了，在家玩电脑、看电视、吃零食的时间变多了，冬天也因此成为容易发胖的季节。为了防止变胖，我们在饮食方面要注意合理搭配，多吃一些鱼肉、鸡肉、鸭肉，乳制品、豆制品，以及红枣、红豆等补血的食物。

冬天，我们穿衣服要尽量宽松、舒适，不要勒得太紧，随时准备一件外套，在活动前或进入有暖气的房间时应脱去外套，避免忽冷忽热。还要注意保护皮肤，脸上可以涂些面霜，晚上还可以多泡脚。

冬季洗澡次数不宜太多，洗完澡后可以涂身体乳或其他润肤用品哦，防止皮肤出现干、裂、红、痒等症状。

冬季泡脚不仅可以缓解疲劳，还可以让身体暖和起来，减少感冒、发烧等疾病的发生。

小朋友，你知道我们的身体各时间段都在干什么吗？在这些时间段，我们应该养成怎样的好习惯呢？

丑时（1:00—3:00）：

不晚睡，脸上不长斑。如果这个时候还不睡觉，肝脏就无法及时完成新陈代谢。因此，丑时前未能入睡者，容易思维迟钝、脾气暴躁、脸上长斑。

巳时（9:00—11:00）：

是脾经开穴运行的时间，也是护脾的最佳时段。这个时候，可选择吃牛肉、羊肉、猪肉、扁豆、红薯、马铃薯、豆腐、芹菜、玉米、大米等食物，苹果、橘子、柠檬、橙子等水果。此时段适合饮用绿茶、花茶、蜂蜜水等。

酉时（17:00—19:00）：

人体经过申时（15:00—17:00）泻火排毒，肾在酉时进入贮藏精华的阶段。此时段不宜进行强度较大的活动，也不适宜大量饮水。

我运动，我健康

冬天来了，让孩子们感到快乐的季节也到了。每当一场大雪下完后，都能看见孩子们在尽情玩耍——打雪仗、堆雪人，都能听见孩子们欢乐的笑声，都能感觉到孩子们的快乐。冬姑娘让我们从心底里体会到了冬季带来的快乐。

滑雪是冬奥会重要的比赛项目，有很多种类，主要包括高山滑雪、跳台滑雪、自由式滑雪、雪上滑板滑雪等。滑雪可以增进我们和小伙伴的友谊，增强我们的肢体协调能力和平衡能力，增强心肺功能，提高抵抗力，磨炼意志。

冬季天气寒冷，滑雪不宜超过1小时，时间长了容易冻伤。在滑雪过程中，要做好防护措施，这样可以避免受伤哦！

安全小广播

滑雪是一项大人和小孩都喜欢的冬季运动，大家都喜欢在寒冷的冬天体验滑雪带来的乐趣。你知道滑雪有哪些注意事项吗?

①进入雪场时不要着急脱去衣服，在运动一定时间后，如果感觉身上发热，可适当地减少衣服。

②要和爸爸妈妈一起行动，不要单独滑雪，在进入和退出上山缆索吊椅的时候，要格外小心。

③要选择安全的场地，以及大小合适的器材，穿戴保暖、防水的滑雪服和手套，防止手脚受伤。

④注意保护眼睛，因为银白色的雪地反光强烈，看久了会影响视力，不要总盯着地面，要经常看看天空和周围的环境。

冬天天气变冷，家里对开水壶、热水器、取暖炉等电器的使用会更加频繁。小朋友活泼好动，如果不加注意，就非常容易被烫伤。如果不小心被烫伤，你知道该如何处理吗？

烫伤处理小常识

①冲：用流动的冷水持续冲洗烫伤部位15～20分钟。

②脱：小心地脱去衣服，必要时用剪刀剪开衣服。如果伤口和衣服粘在一起，不要强行分开。

③泡：将烫伤部位持续泡在冷水中30分钟，或用冰块冷敷，这样可以减轻痛感。

④盖：烫伤部位可以涂烫伤膏，涂完之后用清洁的纱布覆盖。

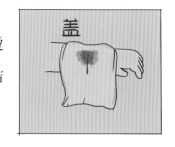

⑤看医生：如果烫伤皮肤有水泡，不要弄破水泡，应该尽快去医院处理。

冬季食养

《千金要方·道林养性》说："冬时天地气闭，血气伏藏，人不可作劳汗出，发泄阳气，有损于人也。"中医理论认为，寒冷的冬季，万物收藏，人们要早睡晚起，以利阳气潜藏，阴精积蓄。冬季不可过寒过暖。衣着过少过薄或室温过低，则耗费阳气，易感冒；反之，衣着过多过厚或室温过高，则腠理开泄，阳气不得潜藏，寒邪亦易于侵入体内。

对正常人来说，冬季饮食应当遵循"秋冬养阴，无扰乎阳"的原则，既不宜生冷，也不宜燥热，以食用滋阴潜阳、热量较高的食物为宜，为避免维生素缺乏，还应摄取一定量的新鲜蔬菜。

板栗：味甘、淡，性平微温。有健脾养胃、补肾强筋之效。《玉楸药解》记载："栗子，补中助气，充虚益馁（něi），培土实脾，诸物莫逮（dài）。"

甘蓝：味甘，性平。有健脾和胃、补肾生髓之效。《千金·食治》记载："久食（甘蓝）大益肾，填髓脑，利五脏，调六腑。"

萝卜：味甘，性微凉。《本草经疏》记载，萝卜"生者味辛，性冷；熟者味甘，温平"，能够"消积滞，化痰热，下气，宽中，解毒。治食积胀满，痰嗽失音等"。《日用本草》则说，萝卜"宽胸膈（gé），利大小便。熟食之，化痰消谷；生啖（dàn）之，止渴宽中"。

桂圆姜枣汤

桂圆：味甘，性温。有补心脾、益气血、健脾胃、养肌肉之效。《得配本草》记载，桂圆可"益脾胃，葆心血，润五脏，治怔（zhēng）忡（chōng）"。

生姜：味辛，性微温。有解表散寒、温中止呕、化痰止咳之效。《珍珠囊》记载，生姜"温中祛湿，益脾胃，散风寒"。

红枣：味甘，性微温。有补中益气、养血安神之效。《神农本草经》记载，红枣"主心腹邪气，安中养脾，助十二经。平胃气，通九窍，补少气、少津液，身中不足，大惊，四肢重，和百药"。

冬

冬季生活小习俗

扫雪、烹茶、赏画

茶以雪烹，味更清冽，所谓半天河水是也。不受尘垢，幽人啜此，足以破寒。时乎南窗日暖，喜无髀（bì）发恼人，静展古人画轴，如《风雪归人》《江天雪棹（zhào）》《溪山雪竹》

《关山雪运》等图。即假对真，以观古人摹（mó）拟笔趣。要知世景画图，俱属造化机局，即我把图，是人玩景，对景观我，谓非我在景中？千古尘缘，孰为真假，当就图画中了悟。

——明·高濂（lián）《遵生八笺（jiān）》

译文：用雪水煮茶，味道更加清冽，说雪是"半天河水"就是这个意思。它没有被人世间的尘垢污染。幽雅高洁的人品赏此茶，足以抵御寒风。正值严冬季节，我坐在屋里南边的窗下，庆幸没有刺骨的寒风，静静地展开古人的画卷，有《风雪归人》《江天雪棹》《溪山雪竹》《关山雪运》等图，即使是假托名人的作品，也可以观赏到古人临摹的笔墨旨趣。要知道人间这幅实景图画，全是上天造化装点的，即使让我来作画，也只是人在观赏风景，对面的风景来观我，谁说我不是在风景之中呢？面对千古佳作，哪是真，哪是假，应当从画中得到领悟。

迎新年

作为二十四节气中的最后一个节气，冬季的大寒节气常常与农历岁末重合，因此我国民间素有"大寒凛凛在年关"的说法。在我国，大寒时节，人们要开始为过年奔波——赶年集、买年货、写春联，扫尘洁物，除旧布新，腌制腊肠、腊肉，烹制鸡鸭鱼肉等各种佳肴，同时准备各种祭祀供品以祭祀祖先及神明，祈求来年风调雨顺。

"该冷不冷，不成光景。"大寒是一年中最冷的时候，也是年味最浓的时候。年节欢聚，也别忘记节约，爱惜自己的身体，切忌过度消耗。

扫一扫，
听水音。

音乐养生

水音（羽声）

古人认为，水是先天的能量，天上的雷声属于革音，革音属水。雷声形成的革音与宇宙宁静的时空交歌，再加上水，生物就开始形成。因此，水音代表了生命之源。金生水，水多就能壮肾、旺肝，肝木和谐共鸣，水火济（jǐ）济相融，能够使人心志通畅，欢乐体壮。

中医理论认为，肾主水，主先天之气。水音为鼓、水声等乐，入肾经与膀胱经，主理肾脏与膀胱的健康。人离不开水，人体的70%由水构成。水音则充分体现了自然界各种水的组合，包括地下水、山中和地底冒出的泉水、河流、海水等发出的声音。

水音的最佳欣赏时间是7：00—11：00。这一时间段，太阳逐渐升高，气温持续走高，人体内的肾气也受到外界的感召，蠢（chǔn）蠢欲动，此时听水音，可以促使肾中精气隆盛。